本书的出版得到了国家自然科学基金（41501507、41701457）和国家博士后第 66 批面上基金（2019M663993）的资助

个性化地图认知及眼动分析方法

郑束蕾◎著

电子工业出版社
Publishing House of Electronics Industry
北京·BEIJING

内容简介

本书研究地图认知问题,针对其影响因素复杂、表达和评估手段欠缺等问题,将眼动追踪技术引入地理学研究范畴,将人脑中隐性的地图认知过程显性化表示出来,对个性化地图认知过程中多种认知因素的复杂作用机制及认知差异进行实时细粒度监控,有助于突破研究滞后瓶颈,为个性化地图设计提供定性与定量依据。

全书共 7 章,第 1 章、第 2 章分析国内外研究现状,构建理论框架与方法体系;第 3 章、第 4 章基于因子分析法简化、抽取个性化地图认知因素,基于方差分析建立个性化地图认知适合度线性加权量化模型;第 5 章提出个性化地图眼动实验多维域和眼动-认知表征模型,对地图要素与用户、环境等情境因素的交互及叠加作用进行眼动实时监控;第 6 章给出应用实例;第 7 章对全书内容进行总结和展望。

本书对于地图学、地理学、认知心理学、统计数学、生物信息、人工智能等研究具有借鉴作用。

未经许可,不得以任何方式复制或抄袭本书之部分或全部内容。
版权所有,侵权必究。

图书在版编目(CIP)数据

个性化地图认知及眼动分析方法 / 郑束蕾著. —北京:电子工业出版社,2020.5
ISBN 978-7-121-35290-4

Ⅰ. ①个… Ⅱ. ①郑… Ⅲ. ①影象地图—识图—眼动—视觉跟踪 Ⅳ. ①P283.49②Q811

中国版本图书馆 CIP 数据核字(2018)第 242571 号

责任编辑:徐蔷薇　　　特约编辑:田学清
印　　刷:北京盛通商印快线网络科技有限公司
装　　订:北京盛通商印快线网络科技有限公司
出版发行:电子工业出版社
　　　　　北京市海淀区万寿路 173 信箱　　　邮编:100036
开　　本:720×1000　1/16　　印张:13.5　　字数:220 千字
版　　次:2020 年 5 月第 1 版
印　　次:2022 年 4 月第 4 次印刷
定　　价:79.00 元

凡所购买电子工业出版社图书有缺损问题,请向购买书店调换。若书店售缺,请与本社发行部联系,联系及邮购电话:(010)88254888,88258888。
质量投诉请发邮件至 zlts@phei.com.cn,盗版侵权举报请发邮件至 dbqq@phei.com.cn。
本书咨询联系方式:xuqw@phei.com.cn。

前　言

在地球科学发展日新月异的今天，众包数据、位置服务、大众制图、泛在制图等新方法、新理念层出不穷。在地图普适化的同时，地图的用户需求、数据来源、设计方法、生产模式、显示介质、实现技术、服务程度等都在提倡个性化。但是，对个性化地图认知的理论框架、构成因素、评估方法、作用机制的研究，以及个性化地图的设计原则、设计实例等都还比较欠缺，亟须对个性化地图认知机理进行"揭秘"。眼动实验作为地图学理论研究的创新方法，能够为揭示地图认知过程客观、实时地提供定性和定量的依据，从而指导地图的个性化设计，但目前国内对个性化地图认知的眼动研究较少。因此，本书的研究具有理论价值和实际意义。

研究个性化地图的目的是将"最好的地图"转变为"最合适的地图"，来满足某种用户的特定需求，实现"3R"（Right User，Right Time，Right Place）甚至"多R"地图。个性化地图认知机理研究的目的是明确影响个性化地图认知效果的地图要素和影响因素，探寻地图与特定用户及环境的量化匹配规则，揭示地图的个性化认知差异，探索动态认知过程中多种因素的叠加、交互作用机制，并通过客观、实时的表征手段使个性化地图认知机理"可视"，为个性化地图设计提供依据。

本书以计算机屏幕上显示的个性化电子地图为例，采用以问卷调查和眼动实验为主、定性与定量相结合、多种实验手段联合互证的方法，系统地研究了与个性化地图认知相关的问题，以及眼动分析方法在地图认知中的作用。

全书共分为 7 章。

第 1 章、第 2 章是相关理论研究：第 1 章介绍了本书的研究背景，总结了相关理论、技术、方法的研究现状，并在现状分析的基础上指出了当前研究的不足；第 2 章建立了个性化地图认知研究的理论框架与方法体系。

第 3 章、第 4 章通过假定问题，基于问卷调查结果，探讨了个性化地图认知因素模型和认知适合度评估方法等与个性化地图认知相关的问题。第 3 章先提出了个性化地图认知因素初始模型；然后设计并发放了地图要素和影响因素的重要性问卷，基于因子分析法得出了个性化地图认知因素的实际分类；最后对初始模型进行了修正和优化，并获取了个性化地图匹配的指标权重，基于因子分析法建立了个性化地图认知因素优化模型。第 4 章先针对地图对用户个性化需求的满足程度，建立了定性的个性化地图适合度评估模型，设计并发放了选择差异性问卷，基于问卷样本聚类指定待匹配的用户目标聚类中心；然后通过方差分析法，由简到繁逐步解析地图要素的认知差异及地图要素模板对指定目标的个性化匹配关系；最后以匹配度 δ 和公因子特征值 λ 为权重，采用线性加权评估的方法，对个性化地图的认知适合度评估模型进行了量化。

第 5 章以两个眼动实验说明了眼动分析方法在地图认知中的应用，利用眼动追踪技术实时监控地图认知过程中各因素的叠加、交互、动态作用机制。先从理论上描述了个性化地图的认知过程，提出了个性化地图眼动实验多维域和眼动-认知表征模型；然后设计了适合度评估模型验证实验，通过眼动（行为）参数方差分析和热点图可视化分析，验证了个性化地图认知适合度评估方法的正确性；再以个性化地图符号类型为例，设计了地图要素与影响因素的双因素混合实验组，对个性化地图认知影响因素的叠加作用进行了细粒度分析，并且对地图要素与影响因素的交互作用进行了探索性研究；最后以专家和新手为例对地图个性化动态认知过程进行了实时监控和视线轨迹对比分析，基于认知心理学理论，对以上研究中自下而上与自上而下相结合范式的认知差异进行了理论解释，并将眼动实验与问卷调查、主观评价的结论进行对比，说明了眼动实验客观、实时的优点，以及其在同时提供定性和定量依据方面的优越性。

第 6 章、第 7 章是地图设计应用实例和总结：第 6 章提出了个性化地图的设计原则和设计流程，研发试验系统设计个性化地图实例并对其进行验证；第 7 章对全书内容进行了总结，提炼创新点，并对下一步的研究工作进行了展望。

本书内容涉及地理学、地图学、心理学、数学、医学、信息学等学科，采用以问卷调查和眼动实验为主、定性与定量相结合、理论与统计分析联合互证的实验方法。该方法使多学科、多技术、多方法交叉，具有理论价值。本书的研究揭示了地图设计要素、地图认知心理和个性化影响因素的对应关系，基于眼动实验对地图认知监控和个性化认知的研究，为地图可用性研究提供了定性和定量的依据，有助于突破地图学认知理论研究的瓶颈。本书提供的应用案例弥补了研究空白，对揭示地图思维过程和认知差异、探索人脑对地图的感受机制、指导地图产品的可视化表达与设计、提高地图可用性等方面都具有重要的理论意义和实用价值。多种实验方法的联合运用与交叉互证是本书的一个亮点，不仅丰富了地图学的实验手段，还对其他产品设计、用户体验、可用性评价、智能交互等领域的研究也具有借鉴作用。

与当前各类图书相比，本书具有以下独特之处：目前已出版的眼动追踪技术应用类图书广泛涉及网站、体育、广告、文本阅读等领域，但极少涉及地理学应用内容，本书填补了这一空缺；已出版的认知心理学和人机交互类图书注重基础性认知理论或通用性人机交互技术研究的内容，缺少对地理空间认知和地理环境交互的专业理解，而本书面向地理专业问题，更具有针对性；市面上的地理认知类图书偏重于对认知结果的定性分析或量化计算，缺少对认知过程的关注，并且没有关于眼动技术应用的实验案例指导，本书对地图认知过程中的各种影响因素进行了实时监控和细粒度分析，提供了可借鉴的眼动实验案例。

目 录

第1章 绪论 ··· 1
  1.1 引言 ··· 1
  1.2 研究背景 ··· 5
  1.3 国内外研究现状及分析 ··· 7
    1.3.1 个性化地图认知理论研究现状 ····································· 7
    1.3.2 个性化地图实验方法研究现状 ····································· 12
    1.3.3 个性化地图服务技术研究现状 ····································· 23
    1.3.4 研究现状总体分析及存在的问题 ·································· 26

第2章 个性化地图认知机理研究的理论框架与方法体系 ·············· 29
  2.1 个性化地图的概念、分类及特点 ····································· 29
    2.1.1 个性化地图的概念 ··· 30
    2.1.2 个性化地图的分类 ··· 31
    2.1.3 个性化地图的特点 ··· 32
  2.2 个性化地图认知机理的研究内容 ····································· 34
    2.2.1 研究对象 ··· 34
    2.2.2 研究范畴 ··· 34
    2.2.3 关键问题 ··· 35

2.3 个性化地图认知机理研究的理论基础··36
    2.3.1 相关基础理论框架··36
    2.3.2 地图感受理论···37
    2.3.3 地图信息传输理论··38
    2.3.4 地图空间认知理论··39
    2.3.5 认知心理学相关理论···40
2.4 个性化地图认知机理研究的实验及分析方法·····································43
    2.4.1 问卷调查法··43
    2.4.2 眼动实验法··44
    2.4.3 多元统计分析法··50
2.5 本书的组织思路及实验方法···52
2.6 个性化地图认知机理研究的理论框架和方法体系································54
2.7 本章小结··55

第 3 章 个性化地图认知因素简化与模型构建··56
3.1 地图认知因素分析相关理论··56
3.2 个性化地图认知因素初始模型的建立···57
    3.2.1 个性化地图要素分析···58
    3.2.2 其他影响因素分析··58
    3.2.3 个性化地图认知因素初始模型··60
3.3 个性化地图认知因素初始模型的优化···61
    3.3.1 问卷 1 设计与信度检验··61
    3.3.2 认知因素的归类简化分析···62
    3.3.3 个性化地图认知因素优化模型的构建···67
3.4 优化模型与初始模型的比较分析···69
    3.4.1 用户与制图者对地图注记归类的心象差异·······································69
    3.4.2 用户与制图者对地图色彩风格归类的心象差异··································70
3.5 本章小结··71

第4章 个性化地图认知适合度的评估方法研究 ······ 72
4.1 地图认知效果评估相关理论 ······ 72
4.1.1 模板匹配理论 ······ 73
4.1.2 原型匹配理论 ······ 73
4.2 个性化地图认知适合度评估模型的建立 ······ 73
4.2.1 假设问题的提出 ······ 74
4.2.2 评估模型的构建 ······ 74
4.3 权重的获取及评估模型的量化 ······ 75
4.3.1 问卷2设计与信度检验 ······ 75
4.3.2 用户分类及匹配目标的选择 ······ 78
4.3.3 个性化地图方案对指标的权重计算 ······ 83
4.3.4 个性化地图方案对目标的权重计算 ······ 87
4.3.5 量化评估模型的建立 ······ 89
4.4 本章小结 ······ 89

第5章 个性化地图认知因素综合作用机制的眼动研究 ······ 90
5.1 个性化地图的认知过程研究 ······ 91
5.1.1 地图视觉认知过程介绍 ······ 91
5.1.2 个性化地图认知阶段分析 ······ 91
5.2 个性化地图眼动实验多组域和眼动-认知表征模型构建 ······ 92
5.2.1 个性化地图眼动实验多维域 ······ 92
5.2.2 认知域内的眼动-认知表征模型构建 ······ 94
5.3 个性化地图认知适合度评估结果的眼动实验验证 ······ 95
5.3.1 实验被试的判别选取 ······ 95
5.3.2 实验方法及过程 ······ 96
5.3.3 数据分析 ······ 98
5.3.4 结果讨论 ······ 103
5.3.5 结论及待解决问题 ······ 112

5.4 个性化地图认知因素综合作用的眼动实时监控 ·············· 113
　　5.4.1 实验设计及解释 ·············· 113
　　5.4.2 数据分析 ·············· 115
　　5.4.3 实验结果汇总 ·············· 119
　　5.4.4 个性化地图认知因素的叠加、交互作用分析 ·············· 121
　　5.4.5 专家与新手动态认知过程的实时监控与对比分析 ·············· 127
　　5.4.6 眼动实验法优越性的比较分析 ·············· 129
5.5 本章小结 ·············· 131

第6章 个性化地图设计原则及实例验证 ·············· 133
6.1 基于认知机理的个性化地图设计原则 ·············· 133
6.2 个性化地图设计流程及特点 ·············· 138
　　6.2.1 个性化地图的设计和服务流程 ·············· 138
　　6.2.2 与一般地图设计流程的不同特点 ·············· 139
　　6.2.3 干预知识的来源 ·············· 140
6.3 个性化地图要素模板设计 ·············· 141
　　6.3.1 地图风格色彩模板库设计 ·············· 141
　　6.3.2 地图符号注记模板库设计 ·············· 142
　　6.3.3 地图布局工具模板库设计 ·············· 144
　　6.3.4 多媒体模板库扩展 ·············· 147
6.4 系统设计实例及效果评价 ·············· 147
　　6.4.1 总体设计 ·············· 147
　　6.4.2 功能框架 ·············· 148
　　6.4.3 技术方案 ·············· 149
　　6.4.4 设计实例 ·············· 150
　　6.4.5 效果评价 ·············· 152
6.5 本章小结 ·············· 154

第 7 章　总结与展望	155
7.1　研究工作总结	155
7.1.1　本书完成的主要工作	156
7.1.2　本书的创新点	157
7.2　研究趋势展望	158
附录 A　问卷 1 设计（部分）	160
附录 B　问卷 2 设计（部分）	163
附录 C　问卷 2 地图要素认知显著影响因素方差分析表	165
附录 D　眼动实验 1 的被试判别分析过程	169
参考文献	180
后记	196

图目录

图 1.1　地图与用户之间的技术瓶颈 ·················· 8

图 1.2　移动用户相关的情境要素 ·················· 9

图 1.3　"新地图学"时代环境的变化 ·················· 11

图 1.4　Web 2.0 环境下制图者角色的迁移 ·················· 12

图 1.5　常用的心理实验方法在定性研究与定量研究中的作用 ·················· 13

图 2.1　个性化地图认知机理研究的基础理论 ·················· 37

图 2.2　中央视觉与边缘视觉 ·················· 46

图 2.3　本书研究的理论框架和方法体系 ·················· 54

图 3.1　个性化地图认知因素初始模型 ·················· 61

图 3.2　问卷因子分析碎石图 ·················· 65

图 3.3　前 3 个公因子的载荷图 ·················· 67

图 3.4　个性化地图认知因素优化模型 ·················· 69

图 4.1　适合度评估假设问题中的 4 种符号类型 ·················· 74

图 4.2　个性化地图认知适合度评估的层次结构模型 ·················· 74

图 4.3　问卷 2 中符号筛选过程实例 ·················· 77

图 4.4　个性化地图认知适合度线性加权量化评估模型 ·················· 89

图 5.1　个性化地图认知机理眼动实验多维域的三维剖面图 ·················· 93

图 5.2　眼动实验 1 的首次进入时间均值图 ·················· 99

图 5.3　眼动实验 1 的首次注视时间均值图 ················· 101

图 5.4　眼动实验 1 的首次鼠标单击时间均值图 ············· 103

图 5.5　眼动实验 1 热点图中 AOI 内红色的热点密集区和单击位置图 ········ 108

图 5.6　眼动实验 1 中地图素材上的镂空热点图 ············· 108

图 5.7　眼动实验 1 中"十"字图片热点图 ················ 109

图 5.8　眼动实验 1 的眼动指标均值折线图 ················ 110

图 5.9　眼动实验 1 的眼动指标均值差值折线图 ············· 111

图 5.10　眼动实验 1 的眼动指标均值差值雷达图 ············· 112

图 5.11　眼动实验 2 的简单效应分析结果 ················ 118

图 5.12　眼动实验 2 的双因素交互作用效应图 ·············· 119

图 6.1　个性化地图设计的 5 层结构模型 ················· 141

图 6.2　百度地图中的白、绿、灰、红 4 种底图色彩参考 ········· 142

图 6.3　符号模板设计（部分） ···················· 143

图 6.4　布局类型设计 ······················· 144

图 6.5　布局风格设计 ······················· 145

图 6.6　地图布局工具模板组合设计实例 ················ 147

图 6.7　系统整体设计图 ······················ 148

图 6.8　系统功能框架设计图 ···················· 149

图 6.9　试验系统用户注册界面 ···················· 150

图 6.10　专业用户对符号类型的修改过程 ················ 152

图 6.11　专业用户对鹰眼位置的修改过程 ················ 152

附图 D.1　典型判别函数分类散点图 ·················· 178

表目录

表 3.1　问卷 1 设计编码表 ………………………………………………… 62
表 3.2　取样适合度 KMO 检验和变量相关度 Bartlett 球形检验表 ……… 64
表 3.3　方差解释率表（部分）……………………………………………… 64
表 3.4　旋转成分矩阵表 …………………………………………………… 65
表 3.5　公因子包含主要变量及系数表 …………………………………… 67
表 4.1　问卷 2 设计编码表 ………………………………………………… 76
表 4.2　问卷 2 可靠性统计表 ……………………………………………… 78
表 4.3　初始聚类中心表 …………………………………………………… 79
表 4.4　K-均值聚类迭代过程历史记录表 ………………………………… 79
表 4.5　K-均值聚类成员与聚类中心点距离表（部分）…………………… 80
表 4.6　K-均值聚类中的最终聚类中心表 ………………………………… 80
表 4.7　每个聚类中的案例数 ……………………………………………… 81
表 4.8　最终聚类中心间的距离 …………………………………………… 81
表 4.9　聚类有效性 ANOVA 方差分析表 ………………………………… 81
表 4.10　方差分析结果表 …………………………………………………… 84
表 4.11　地图要素的认知差异影响显著因素汇总表 ……………………… 84
表 4.12　各年龄段适合的符号类型表 ……………………………………… 85
表 4.13　Class1*中单一因素匹配的符号类型 …………………………… 85

表 4.14　所有地图要素与 Class 1 的匹配结果表 ………………………………… 86
表 4.15　地图原型方案对各指标的匹配结果表 …………………………………… 87
表 5.1 　认知域中的眼动-认知表征模型 …………………………………………… 95
表 5.2 　眼动实验 1 的首次进入时间描述性统计表 ……………………………… 98
表 5.3 　眼动实验 1 的首次进入时间方差分析表 ………………………………… 98
表 5.4 　眼动实验 1 的首次进入时间简单效应检验表 …………………………… 99
表 5.5 　眼动实验 1 的首次注视时间描述性统计表 ……………………………… 100
表 5.6 　眼动实验 1 的首次注视时间方差分析表 ………………………………… 100
表 5.7 　眼动实验 1 的首次注视时间简单效应检验表 …………………………… 101
表 5.8 　眼动实验 1 的首次鼠标单击时间描述性统计表 ………………………… 102
表 5.9 　眼动实验 1 的首次鼠标单击时间方差分析表 …………………………… 102
表 5.10　眼动实验 1 的首次鼠标单击时间简单效应检验表 ……………………… 102
表 5.11　眼动实验 1 的单击百分比及 AOI 注视点百分比汇总表 ………………… 109
表 5.12　眼动实验 1 的眼动指标均值表 …………………………………………… 110
表 5.13　眼动实验 1 的眼动指标均值差值表 ……………………………………… 111
表 5.14　眼动实验 2 的变量设计及编码表 ………………………………………… 114
表 5.15　眼动实验 2 的首次进入时间描述性统计表 ……………………………… 115
表 5.16　眼动实验 2 的首次进入时间方差齐性检验表 …………………………… 116
表 5.17　眼动实验 2 的首次进入时间方差分析表 ………………………………… 116
表 5.18　眼动实验 2 的简单效应检验表 1 ………………………………………… 117
表 5.19　眼动实验 2 的简单效应检验表 2 ………………………………………… 117
表 5.20　眼动实验 2 的双因素方差分析结果汇总表 ……………………………… 120
表 5.21　眼动实验 2 的认知阶段、眼动/行为指标与显著影响因素关系表 ……… 122
表 6.1 　地图要素的显著影响因素表 ……………………………………………… 135
表 6.2 　符号类型与所有用户因素的匹配关系汇总表 …………………………… 136
表 6.3 　常用网站的面状地物配色表 ……………………………………………… 142
表 6.4 　符号与注记模板组合实例表 ……………………………………………… 144

表 6.5	放大工具风格设计	146
附表 D.1	组均值的均等性检验表	169
附表 D.2	汇聚的组内协方差矩阵表	170
附表 D.3	组间协方差矩阵表	170
附表 D.4	Box's M 检验结果表	172
附表 D.5	输入/删除变量表	172
附表 D.6	分析中的变量表	172
附表 D.7	不在分析中的变量表	173
附表 D.8	Wilks 的 Lambda 值表 1	174
附表 D.9	特征值表	175
附表 D.10	Wilks 的 Lambda 值表 2	175
附表 D.11	标准化的典型判别式函数系数表	175
附表 D.12	结构矩阵表	176
附表 D.13	典型判别式函数系数表	176
附表 D.14	组质心处的函数表	177
附表 D.15	各组的先验概率表	177
附表 D.16	分类函数系数表	178
附表 D.17	分类结果表	179

第 1 章

绪 论

本章先从大数据时代的"信息迷失"问题和个性化解决方案入手,由地图学与地理信息科学中的可视化、认知、个性化的交错发展引出本书的研究对象,提出一系列亟待解决的问题;接着阐述了个性化地图认知机理研究的需求背景、经验背景、方法背景和技术背景;而后对个性化地图认知理论、实验方法、服务技术等方面的国内外研究现状进行综述,并重点分析了其中的不足,肯定了本书中研究内容的必要性;在此基础上,明确了本书的研究目的和研究意义;最后,列出了本书的研究内容及各章结构安排。

1.1 引言

在信息论、系统论、控制论的推动下,人类历史的车轮已滚滚驶过电子时代、网络时代,进入了大数据时代。社会信息化进程的加快激活了人们沉淀已久的想要脱离束缚感的需求,用户需求呈现出多元化、多样化、多层次的特点。然而,我们虽然时刻被海量数据包围,却常在信息烟雾中迷失和彷徨,信息过剩与信息孤岛共处,信息过载与信息饥饿并存。正如知识管理专家斯克姆所说,"在网络环境下,用户正在经历一个新的尴尬——淹没在信息之中,却没有闪光的智慧。"[1]奈斯比特在《大趋势》一书中也指出人们目前所处的困境,即信息是丰富的,而知识是贫乏的[2]。比尔·盖茨早在《未来之路》中预言,未来的信息服务必须满足用户高度个性化的需求。

在人类社会漫长的演变、进化过程中,为了满足信息传输和交流的需要,出现了语言和文字;为了传输地理信息、描述地理空间环境,出现了地图。地图是永生的[3-5],是地理信息可视化的基本形式[6, 7]。它与绘画、音乐并称为世界通用的三大语言[8],与文字一样都是人类文明的标志[9],但具有线性文字无法比拟的优越性和价值[10]。由于地图具有综合信息承载和空间存在显示功能,因此从古至今一直是人们认知生存环境的重要工具[11]。地图的阅读和理解不能脱离使用者的人口特征、文化背景等个性特征和特定的使用环境。地图学中的个性化,经历了从无意识的原发性实践到理论总结再到理论指导下的有意识应用的过程。

古代的图画、地图和文字并没有本质区别,地图被理解为写实图画的一种[12]。例如,原始人类绘制在崖壁上的狩猎地图和古巴比伦陶片地图,都是为了实现某一特定情形(如野猎)下的某种目的(如计数)由特定的人制作的,没有规范和标准,因此都可视为原发性的个性化地图[13]。此后,在纸质地图长期鼎盛的阶段,出现了因主题和用途不同而采用不同设计方法的个性化地图和地图集。例如,我国个性化定制地图——《张汉民远征图》,还有各种夜光地图、绘制在布帛上的防水地图等。这个时期地图的个性化主要体现在制图理念、工艺和技术等方面,重心在制图者。

20世纪60年代出现了电子地图。电子地图的出现使地图的表达方式、交互手段更加丰富,允许用户参与制图过程,满足了用户更多的个性化需求。同时,电子地图由于不同于纸质地图的阅读方式、呈色原理、用户参与度等,这些特点引起了地图学家们的注意,从此制图重心和个性化研究开始向用户迁移。20世纪70年代是计算机辅助制图阶段,地图产品向虚拟、多维、动态方向发展,更广泛地与个性化需求和环境相适应。

20 世纪 80 年代，全数字化地图制图、3S 技术、地球信息科学和数字地球、科学可视化[7]的诞生，丰富了地图表现手段，扩大了地图的应用领域。科学可视化具备图解和交互两个特征[14]，把人脑和计算机这两个强有力的信息处理系统紧密地结合起来[15]。用户阅读地图的方式和从地图上获取空间信息的思维过程得到了空前关注[16]。20 世纪 90 年代初，可视化技术迅速应用于地球信息科学，并成为地图学的核心内容与研究热点[17, 18]。多媒体地图、网络地图和移动地图应运而生，并因其传播的便捷性、更强的交互性和超链接特性，极大地丰富了地图的个性化内容和表现形式，降低了地图制作和使用的门槛。随着用户参与程度的提高和各种地图定制工具软件的出现，地图制作者与使用者的界限开始变得模糊，地图产品的个性化特征凸显，表现出普适化、个性化、多样化的发展趋势。在地图学大踏步迈向自动化、智能化、自适应高级阶段的过程中，手机和平板电脑等移动设备的出现使地图无处不在，众包数据、位置服务、大众制图、泛在制图[19]等新方法新理念深入人心，彻底颠覆了传统的地图可视化形式及用户角色，扩大了地图的使用环境，进一步推进了地图的个性化进程。在充斥着移动计算、云计算和志愿者地理信息共享的信息社会中，大数据和众包现象是未来地图学研究的两个新的驱动力，地图生产和更新由"面向覆盖"转向"面向要素"，越来越多的地图服务将从不完整、不确定和动态变化着的数据流中实时派生而来[20]，地图的数据来源、设计方法、生产模式、显示介质、实现技术、实验手段、应用领域，以及服务程度等都发生了时代巨变。

地图制图或制图可视化致力于以用户为中心，将地理对象及其关系展现在普通的二维平面上，包括一系列信息转换认知过程[6]。MacEachren 将面向大众的交流传输与面向个人的可视化列于可视化立方体对角线的两端[7, 21]，将认知-可用性研究列为地理信息可视化的重要研究方向之一，明确指出了地图可视化、认知与个性化的关系[22]。Dibiase 建立的地理学可视化思维框架与 Taylor 建立的地图可视化模型也将视觉传输与视觉思维平衡看待。王家耀院士曾指出，"空间认知是认知科学的一个重要研究领域，研究人类感知和思维信息处理过程。认知科学的目的就是说明和解释人在完成认识活动时是如何进行信息加工的。"他将地图要素可视化交互设计与地图认知感受列入地图学与GIS可视化方面研究的主要方面，并且认为，"地图学与GIS中的可视化最重要的是一种空间认知行为，这是一种有助于强化心象地图的能力，这种能力有助于理解、发现自然界存在的现象相关关系和启发形象思维的能力。"[23]然而，用户的生理特征、知识结构、社会背景、兴趣爱好等存在个体差异，大脑对地图符号、色彩、功能等要素的信息加工方式截然不同；同一个用户在不同环境下的生理和心理状态不尽相同，影响他对地图的阅读和使用；在不同载体上，地图的显示特点不可同一而论。因此，不了解人对地图的感知、觉察、注意、记忆、模式识别（Pattern Recognition）、决策等一系列认知过程，以及不同环境下的认知差异，就不可能从根本上提高地图的可用性，地图的设计和表达研究也就无的放矢。因此，研究个性化地图的认知机理具有重要意义。

那么，个性化地图包括哪些地图要素？这些要素是怎样组合成地图的？涉及的影响因素有哪些、如何分类？用户脑中的心象地图也是由点、线、面等要素组合而成的吗？这与制图者对地图的专业理解会不会有区别？对于某一种特定的影响因素（如性别为女性），某种地图要素（如符号类型）如何设计更合适？如果将地图要素置于复杂的影响因素组合情况（如具有硕士学历的中年女地图专家）中考虑，究竟哪些影响因素对某种地图要素（如符号类型）的选择起作用？对于多种地图要素叠加生成的完整地图，如何评估它们对当前特定的个性化情景的适合程度，又如何验证呢？这个"适合"的选择也就是个性化地图的认知结果。那么地图认知阶段如何划分？因人而异的信息加工机制是怎样的？有没有办法能够监控人脑的地图思维过程，并且让它"可视"呢？对于不同的认知效果，是地图要素在起作用，还是影响因素在起作用，它们有没有彼此增强或是削弱？究竟哪些影响因素对哪个认知阶段的影响较为显著呢？本书将逐一回答这些问题。

1.2 研究背景

在 Web 2.0 大数据环境下，新技术的应用、研究维度的扩展、新型地图的出现不断"刷新"着地图和地图学的概念。千篇一律的地图设计样式已经不能满足用户需求。一方面，众包数据、泛在制图使用户的角色发生迁移，由于用户的个人特征、文化背景、专业知识、心理状态等不尽相同，非专业用户自发设计的地图在内容、符号、色彩、布局、风格等方面千差万别，所以专业知识的匮乏使地图设计具有盲目性，亟须个性化地图理论的指导；所以另一方面，人们渴望得到更加精细化、自动化、个性化的地图设计与服务，期待地图学家能够真正理解他们的个性化需求，并提供满足当下需要的地图。地图可视化是地图传输与认知理论的接口[12]。地图可用性与地图设计研究都以提高地图传输效率为目的，同时这也是地图学研究的热点。地图可用性与地图设计研究是同一个问题的两个方面，交汇于地图认知。地图认知具有个性化的特点，是地图可用性研究的核心，也是地图可视化设计的依据。下面通过对需求背景、经验背景、方法背景、技术背景的分析，说明个性化地图认知机理研究的必然性和可行性。

（1）需求背景——地图应用范围的扩展促使了个性化分化的出现。地图学研究已经进入了"新地图学"（NeoCartography）时代。共性发展到一定阶段就会出现个性分化，而自发性的个性化发展到一定阶段就需要标准化的理论指导，从而实现专业理论规范框架内有序的个性化。地图认知的发展也呈现出普适化、个性化与标准化交叉上升的特点。从时空维度上看，地图学的研究对象正在由二维、静态、纸质、单一环境下的地图向三维、动态、多介质、网络化，甚至四维、实时复杂环境下的新型地图扩展[24]；从感官通道上看，地图感受的途径不再仅仅是视觉，还逐渐包括了听觉和触觉[25]，它们丰富了地图设计和认知手段；从显示载体上看，移动地图、网络地图、触摸屏地图的显示介质具有不同的特点和要求。

（2）经验背景——其他行业的个性化应用为地图学积累了经验。当今时代，个性化技术广泛应用于电子商务、新闻订制、移动通信、视频网站、在线教育、汽车设计等领域，产品可用性、用户体验、敏捷体验、场景设计、响应式设计、设计认知、设计思维、情感化设计、市场细分等研究为个性化地图的设计与实现积累了宝贵经验。例如，海尔冰箱、尚品宅配衣柜、中国各大网络运营商、日本机床企业、中国知网等分别提供了用户交互与设计修改、用户兴趣聚类与动态更新、用户模板选择等服务。情境获取技术、数据库技术、多媒体技术、协同过滤技术、关联规则技术、内容分析技术、知识推荐技术、迭代寻优算法、标签系统技术、定制技术、模板技术、自适应技术等都可以为地图学所借鉴。

（3）方法背景——实验心理学的发展为个性化地图认知研究提供了可能。实验心理学研究的热点从认知感受评价转向认知思维过程监测，为地图认知过程的研究提供了实验方法和监测手段。地图学实验方法和心理学实验方法一样，经历了从简单的心物学实验到出声思维（Think Aloud）法、眼动实验法、脑电等生物信息方法，以及它们的联合实验方法；从初级视觉感受发展到高级认知任务；从面向共性的群体特点研究到面向个性的个体认知差异的研究阶段。

（4）技术背景——眼动技术在地图学中的应用已取得了进展。视觉是获取信息的最强感官通道，是地图可视化效果的感受基础，眼动规律能够反映出用户的心理状态和认知过程。眼动实验法作为地图学理论研究的新方法，能够同时提供定性和定量的实验依据，有利于我们根据各种眼动参数和视线轨迹探究用户对地图认知的心理过程。眼动实验法已经成功应用于地图感受效果评价等研究，并在实验设计、数据分析等方面积累了一定经验。目前地图学眼动研究的重点逐渐由"看什么"向"怎么看"迁移，也就是由地图感受效果评价转向对地图认知机制的高级研究。眼动技术在地图学的应用范围逐渐扩大，其准确性和生态性逐渐提高，已经成为地图感受、地图可用性、地图设计等地图学领域的研究热点之一。

为此，国家自然科学基金委员会立项"个性化地图可视化表达机理与设计理论研究"，科学技术部863计划"大规模复杂地理空间数据可视化与自适应制图技术研究"的子课题"个性化空间知识地图服务机制研究"，都鼓励采用眼动实验法对个性化地图进行研究。本书是以上课题的研究成果之一，重点研究二维电子屏幕显示环境下的个性化地图的认知机理。

1.3 国内外研究现状及分析

针对本书的研究内容，主要对个性化地图的认知理论、实验方法、服务技术等国内外现状进行研究，重点分析其中个性化地图和地图认知研究现状，总结目前研究中主要存在的问题。

1.3.1 个性化地图认知理论研究现状

目前关于个性化地图空间认知的研究主要有两个方向：一种是以地图为工具和手段对地理空间进行直接认知，即鲁学军所说的较大范围的空间格局认知[6]；另一种是通过对地图本身的认知间接获取地理空间信息[26-28]，将地图作为"空间认知和空间思维的工具"[12]，是地图学与认知心理学交叉融合产生的研究领域。

自从20世纪50年代认知理论被引入地图学以来，地图学陆续被美国地理科学研究协会、中国自然科学基金委员会列为优先资助研究领域之一。美国地理科学研究协会还明确指出将连续3年重点资助对地理信息个性化认知差异的影响研究。Elzakker在1998年加拿大渥太华举办的ICA第19届学术讨论会上指出，为了向用户提供地图可视化工具，地图学者需要了解用户大脑中发生的认知过程。在广泛的用户中，除了少数从事与地图相关工作的人，更多的用户是非专业的[29-31]，地图设计在具有创新的个性因素的同时，又必须符合大众化的情感心理[32]。在Morita T.提出普适制图的概念[31, 33]之后，Montello D. R.[34]对20世纪认知地图设计的理论与实验方法进行了专门论述，总结了包括认知理论和传输模型框架之内的理论研究工作的进展，并将Robinson在1952年出版的 *The Look of Maps* 中的认知地图实验研究分为地图设计、地图心理、地图训练3部分进行了总结，并且提到内在因素和经验因素形成的个体差异在很大程度上影响了用户的地图感受和认知。

与一般地图相比，个性化地图更加突出用户的中心地位和个性化需求差异。地图符号、用户满意度、环境维度、感官通道、显示载体等个性化因素的影响是当前个性化地图认知研究的热点。

1. 地图符号研究

在符号认知方面，Vasilev S.提出了地图符号应该能够表达物理语义、思维结果、感知适应、类别体系，研究了从原始图形、图形符号、地理符号到衍指符号（Supersign）的设计[35]；Schlichtmann H.认为，符号设计包含变量组合、图形表达及关联特征3个主要方面[36]；Griffin 和 Robinson 发现地图中建筑物示意符号的不同会影响到建筑物名称的记忆[37]；江南按照文化背景、文化程度、用图意图、年龄特征分析了电子地图用户群的认知特点，并提出了电子地图多模式显示的理论与方法[38]；陈棉从语义的角度对地图符号系统进行了研究，探讨了空间信息多媒体可视化的设计方法[39]；李伟等[40]解析了符素情境语义和符号陈述语法，提出了个性化地图符号的设计策略。

2. 用户满意度研究

用户满意度方面的研究主要集中于用户地图情感方面。孟丽秋教授一直关注个体、环境差异对地图认知的影响，强调情感制图（Affective Mapping）[25]在地图设计中的重要作用。她总结了地图表达形式、价值能力、评价标准、设计者和使用者间的关系，以及符号认知规律的历史演变，采用 ISO 的可用性定义作为地图的评价标准，认为用户对地图信息的获取程度不只依赖于一般生理能力，还与视觉文化、专业知识、对地图设计的理解能力有关，地图使用效率与随时改变的用户任务、信息需求、地图先验知识和情感状态关系密切[41]（见图 1.1）。她针对如何提升以用户为中心的个性化地理服务，提出了 Egocentric Geovisualisation 的概念，并将这个概念与 Geocentric Geovisualisation 相对照，指出比地图效力和效率更重要的是用户的满意度，它不仅与用图目的有关，还和个性化的、复合的、主观的情感需求有关[42]。Fiori 等也从地图符号的视觉感受和旅游者情感因素方面提出了一些促进交互的途径。

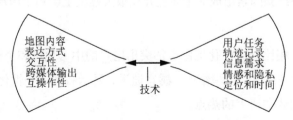

图 1.1 地图与用户之间的技术瓶颈

3. 载体分异研究

地图载体分异方面的研究主要集中于网络地图与移动地图交互方面。例如，Sarjakoski L. T.和 Nivala A. M.等[13, 43-45]讨论了不同载体设备上地图显示的个性化差异，对移动地图的可用性[46]和地图网站的可用性[47]进行了评价，提出了基于适应手段的可用性改进方法[44]，对新用户、新环境和新设备条件下的交互式地图设计进行了系统研究[48]。他们指出移动地图具有能够通过情境提醒屏蔽不必要信息的优势，认为地图阅读不仅与制图者有关，还与用户技能和感受途径、用图目的、使用时间、物理环境、显示设备等要素有关（见图1.2）[49]；并在地图符号视觉变量和信息传输模型的基础上，给出了考虑季节和年龄个性化差异的地图符号设计实例。Elzakker等[50]对移动地图的可用性进行了测试。

图 1.2　移动用户相关的情境要素

4. 维度与感官通道研究

地图个性化设计手段的丰富，不仅表现在视觉变量的扩充方面，还表现在听觉符号、三维符号、视频录像或动画片段等多媒体和多感官通道的运用方面[51]，可听化、可触化认知[25, 52]使地图认知手段更加多样化，提高了地图表现力，增强了地图认知效果。虚拟地理环境和增强现实等新的地图形式，更加以用户为中心探讨视点和认知的关系，也是个性化的一种特殊表现。赛博空间、网络空间、本体空间、室内空间[53]认知对地图的依赖性与二维空间有所不同，需要寻求新的理论方法和技术手段[54]。在多维度、多感官通道方面，地图认知具有更多不确定性。孟丽秋教授认为三维仿真虚拟地理环境的普及不仅给地图学提供了新的生长点，还使可视化技术（Visualization）走向可视化学（Visualistics）[25]；艾廷华教授认为赛博地图是对虚拟空间的认知表达，在内容表达、地图综合方法、数学法则等方面与常规地图并无差别[55]；但是刘芳等认为虚拟地理环境具有多感官性（Multi-nensury）和自主性（Autonomy），缩短了没有地图使用经验的用户的认知距离[56]，但是过多的感官负荷也有可能造成主体迷失等问题；田江鹏等基于语言学理论提出了三维符号语义模型和三维符号的设计改进方法[57]；2013年，诺基亚将旗下的HERE地图服务与体感控制产品Leap Motion结合，用户仅通过手势操作就可以查阅地图。总之，地图研究范围的扩展将个性化地图认知引入更加广阔的天地，要求重新定义地图的个性化认知差异。

但是地图形式的创新和技术应用太过盲目，新型地图的可用性还有待检验。动态地图、三维地图、赛博地图、全息地图、云地图等新型地图的出现促使地图学家不断重新定义地图和地图学（300多种定义），其中某些符号设计还未来得及经过可用性检验[25]就投入了技术应用。与传输型地图和解析型地图等相比，探索型地图由于知识挖掘任务和目的事先并不明确，所以可用性很难测定[58]，三维环境下浏览功能的可用性也有待实践检验[59, 60]。Christophe等[61]也认为，尽管在泛在制图环境下个性化的需求和提高地图设计水平的需求在持续增加，但是对地图个性化的研究仍然很少。

高俊院士最早在国内提出了"心象地图"和"认知地图"的概念[12]，指出心象地图不仅与个人的知识和经验有关，还与环境有关；王家耀院士把地图空间认知分为感知、表象、记忆和思维4个基本过程，并在1983—2003年总结地图学与地理信息进展的系列论文中强调"地理空间认知"，指出"心象是个别的和具体的"[23]；陈毓芬对地图空间认知理论及数字制图条件下的人-图关系进行了系统研究，指出了电子地图空间认知的独特作用和主要内容，并进行了系列视觉认知实验[11]；杜清运基于语言学解析了空间信息的理解机制[62]；江南对具有不同文化背景、文化程度、用图意图、年龄特征的电子地图用户群认知特点，以及电子地图显示效果的主客观影响因素进行了研究[38]。

当前地图学已走过 PC 和 Web 时代，正在由社会网络向语义网络、智能网络时代迈进（见图 1.3）[63]。更便捷的网络入口和无线计算设备，以及个性化网络发布平台[64]，使基于 Web 2.0 大数据环境下的众包数据、泛在制图等新理念对地图可视化产生了巨大冲击，公开信息与隐私信息界限的模糊使我们重新审视地图数据的提供、存取，以及制图者角色的迁移（见图 1.4）[63]，不得不重视个性化地图理论与表达方法的研究。2014 年 1 月，Cartwright W.教授详细阐述了"新地图学"的概念，全面概括了时代特征对传统地图制图技术的颠覆，指出 Web 2.0 下的地理空间信息的特征是：新的数据收集、存储和发布方式，移动设备、定位技术带来的方法变革，众包数据促使制图角色的转变，以及经典理论指导下的技术方法创新；同时 Cartwright W.教授还注意到了数据质量、匹配关系等问题[63]。

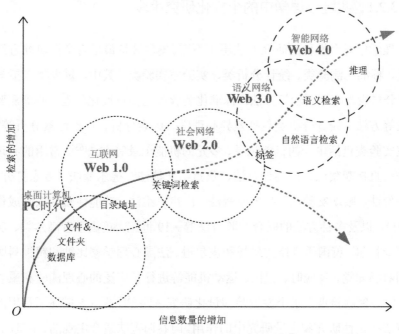

图 1.3 "新地图学"时代环境的变化

资料来源：Cartwright W.2014 年 1 月中国郑州座谈会报告。

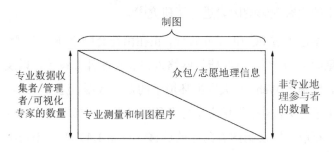

图 1.4 Web 2.0 环境下制图者角色的迁移

资料来源：Cartwright W.2014 年 1 月中国郑州座谈会报告。

1.3.2 个性化地图实验方法研究现状

1.3.2.1 实验心理学中的个性化研究手段

心理学中对个性化的研究方法层出不穷。奥尔波特最早将个性研究方法分为量表类、标准化测验类、统计分析类、实验室实验类。其中，量表类包括等级量表、记分量表、心理图示等方法；标准化测验类包括标准化问卷、心理测验、行为量表等方法；统计分析类包括差异心理学、因素分析、内部因素分析等方法；实验室实验类包括单一的机能记录、多元的机能记录等方法[65]。常用的心理学研究方法有直接观察法、问卷调查法、焦点组访谈法、德尔菲法（专家打分法）、主观评价法、眼动实验法、脑电监测法、出声思维法、功能性磁共振脑成像技术（fMRI），以及多种方法的联合实验方法等。19 世纪，英国学者高尔顿、美国心理学家卡特尔、英国学者斯皮尔曼和皮尔逊、法国心理学家比纳和精神科医生西蒙分别对感知觉、反应时、记忆、运动机能等进行了广泛的心理测验和量表统计分析，使心理测验走上了个性测验和量化研究之路[65]。图 1.5 描述了常用的心理实验方法在定性研究和定量研究中的作用。问卷调查法适合主观的、定量的研究；眼动实验法能够同时提供客观的、定性与定量的研究证据。

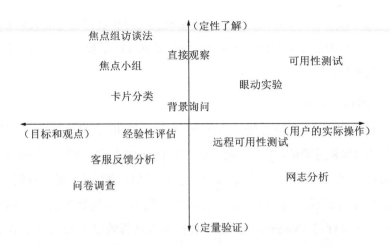

图 1.5 常用的心理实验方法在定性研究与定量研究中的作用

眼动实验先后经历了观察法、后像法、机械记录法、光学记录法、影像记录法等多种方法的演变。自 20 世纪 60 年代以来，眼动仪经历了固定式、头盔式、红外式的阶段，向高精度、智能化、系列化、便携式方向发展[66, 67]。当前主流的眼动仪主要有美国应用科学实验室（ASL）生产的系列眼动仪、德国 SMI 生产的 IViewX 头盔式眼动仪、加拿大 SR 公司生产的 Eyelink 眼动仪和瑞典 Tobii 公司生产的系列眼动仪。以眼动研究为主题的会议主要有欧洲眼动大会（ECEM）和中国国际眼动大会（CICEM）。如今，美国国家航空航天局、哈佛大学、麻省理工学院等著名科研机构或大学都设有专门研究视觉眼动系统的部门[68]。近年来，天津师范大学、中国科学院神经科学所、北京大学、北京师范大学、浙江大学、中山大学、华东师范大学、大连海事大学等国内高校和中国聋儿康复中心、天津市眼科医院、中国欧盟可用性研究中心等科研机构也纷纷购置眼动仪，"眼动实验室"如雨后春笋般涌现出来，主要集中在心理学、教育学，以及医学中的神经病学、眼科学等领域。

1.3.2.2 个性化研究中的眼动技术应用

心理学中的眼动技术最早应用在阅读研究和图片研究中，目前已经由单一环境下的低级感受效果研究转向多维、动态、复杂环境下的高级认知过程及认知差异研究，为个性化地图眼动研究提供了基础视觉理论和值得借鉴的实验思路[69]。以下是其他行业中涉及认知机理的研究，部分研究关注了被试（用户）、任务、环境等个性化差异。

（1）阅读心理眼动研究。

通过观察眼球运动了解心理过程的做法始于西方的阅读眼动研究。早期提出的中心视觉和边缘视觉理论、眼跳抑制、眼跳的潜伏期和知觉广度[70]、7~9个字母的眼跳组块规律[71]等都有重要的意义。20世纪初，认知心理学家开始重视利用各种眼动参数及轨迹特征反映阅读的信息加工过程，提出了视觉优先选择（Prioritizing Selection）、视觉标记（Visual Marking）理论、优先选择效益（Preview）、竞争-整合模型（Competitive Integration Model）、区域激活模型（Area Activation Model）等理论[68]，其中涉及任务难度，刺激物属性，被试的个体经验、状态、能力、记忆等特征，指导语和语境对视觉选择的影响，眼跳将刺激向中央凹（Fovea）转移的作用，运动和静止目标搜索策略的差异等具体结论。Rayner K.对20世纪80年代到21世纪初的阅读和信息处理的眼动研究进行了总结[72]，并对阅读、场景感知和视觉搜索中的眼动和注意进行了研究[73]。

国内的眼动实验始于20世纪80年代初[74-76]。沈德立及学生白学军、闫国利等的汉语阅读研究将眼动研究引入中国，对视觉与眼动基本模式、眼动记录方法进行了介绍，以文字、图片为素材进行眼动研究，并且关注了阅读认知中的文化差异[77, 78]，对听障大学生的阅读理解进行了眼动监控[79]；李旺先[80]、陶云[81]和程利[82]等研究了阅读中的眼动机制，中、小学生和大学生因学历和年龄的不同而产生的阅读方式差异。

人眼在观察其他视觉刺激时的眼动过程与阅读过程中的眼动有很多共同之处，因此，这些眼动模型和其中个性化差异的研究[66, 78, 79]对地图眼动信息加工规律的探索也具有重要意义。

（2）图片眼动研究。

与阅读心理眼动研究类似，图片和图形符号（包括数字符号）的眼动研究也分为两个方面：一是对"看哪里"的图片感受研究；二是深入"怎样看"，即对大脑认知思维进行眼动研究。地图本身具有符号化和艺术性的特点，与图片和图形符号类似，因此图片认知的眼动研究对于探索地图实验方法具有十分重要的借鉴意义。

早期对图片视觉感受的研究发现了视知觉的重要特性，为地图符号、色彩等要素的设计、地图眼动实验中兴趣区（Area of Interested，AOI）的选取范围等提供了直接依据[83]。例如，Stratton研究得出，当眼睛观看圆形时，轨迹是沿直线跳动的；Buswell提出快速浏览模式（General Survey）和注视搜索两种眼动方式，指出注视时间的延长与感受处理更复杂有关，还发现图像内注视点个数与图像区域内显著信息的数量有强联系[68]；Gould、Williams等进一步发现，数字信息不能引起明显注视，但颜色信息比大小、形状更能吸引被试的选择性注视[37, 68]；Locher和Nodine发现了对称图形与不对称图形中注视点的集中与散布位置[68]；Lelson和Loftus发现，通常物体距离注视点2.6°以内能被识别，但差异信息的识别阈值在1.5°之内；还有研究发现，视觉有人脸倾向，且扫视取样集中在眼睛、鼻子、嘴巴等局部特征[68, 83]。

针对图片认知机理的眼动研究不但为地图学研究提供了有用的经验和结论，反映了眼动对大脑思维的客观、实时的表征作用，而且证明了眼动实验能够为图片认知同时提供有价值的定性和定量信息，能够作为地图认知和个性化分析的有效研究手段。这类研究中比较重要的有：Yarbus对图画观看进行了广泛、系统的眼动研究，发现被试对静态目标的感受过程既有注视又有眼跳，注意力主动分布于感兴趣的和具有重要信息的区域[37, 84]；Mackworth、Morand和Wolf认为，刺激复杂、信息丰富和成分新异的区域受到的注视比率最高，且不随时间变化[37, 68, 83]；Noton D.和Stark L.提出了非常有影响力的扫描路径理论[85]，他们认为视觉凹在获取图像后，注意力选择内在认知模型控制了视觉信息的处理过程，包括人眼自下而上的被动感受、注意和定位目标的视觉察阶段（预注意阶段），重复眼跳、扫视、凝视的自上而下的眼脑协调主动认知阶段[86, 87]，得到了众多专家学者的认可；随后，Privitera C. M.、Goldberg J. H.、Kotval X. P.和Jacob R.、Karn K.在形状、图像、动态场景、界面操作眼动实验中准确诠释了这一理论，提出了定量比较和测量眼球注视序列的相似矩阵[37, 87]；Verschueren和Schoen L.、

Antes、Hendersan 和 McClure 发现[37]，被试对缺少期望信息的区域注视时间较长，还会产生一些不均衡的注视点；Just 和 Carpenter[37]提出了眼脑一致性假说，他们认为阅读者信息加工的区域就是他正在注视的那个区域，在某个被注视的点（如一个单词）的所有信息被处理完成之前注视相对稳定和持续，所以对某个区域信息加工的时间就是对该区域的总注视时间，还指出认知任务的注视时间是 70~1200ms[67]；Rayner、Wedel、Duchowski 等进一步指出[37]，人们注视广告的顺序通常是图像、正文、背景，对信息量大、重要的或有兴趣的区域注视优先且时间较长[68, 83]；Lohse、Kelly、Bogart、Wedel 和 Pieters 等研究了颜色、大小、位置对广告图片注视时间的影响[37, 68, 83]；Stone 和 Glock、Brnadt 等发现图像先于文字被注视[37]；但是 Ardaya、Poynter Institute 等发现当文字和图片尺寸相近时，出现了"图像盲区"，文字率先被关注[68]。其他研究还包括对人类视线搜索和注意机制[73, 84, 87-91]、显式和隐式交互方式[92-94]、图形空缺认知等方面的探索[95]。

我国心理学家韩玉昌发现形状和颜色一样具有诱目性序列特征[83]；闫国利认为观看者对图片中感兴趣的内容注视时间长、注视次数多，瞳孔直径会增加[70]；也有人提出，注视次数比注视时间更能反映信息提取的难易程度[83]；丁锦红教授在平面广告研究中发现左右视野、垂直与水平搜索的平均注视时间存在差异，文字有助于广告记忆[68]；戴斌荣、阴国恩在图片分类研究中发现，在图片一次性全部呈现时大学生倾向于一维特征分类，在图片逐一呈现时倾向于整体相似性分类[83]；付炜珍等在对手机外观设计的眼动评价中发现眼动指标与主观评定之间具有一致性[83]；曹晓华、曹立人等发现，被试在不良显示条件下的取样点相对减少、单位扫视路径相对增加，作业难度对被试首视点分布是否均匀有影响[68]；陶云等在对明式家具和现代家具的审美偏好实验设计中考虑了年龄差异，并且发现被试在进行图画注视时中心区域优先，下部优于上部，水平方向优于垂直方向[83]。地图具有图形艺术特性，但在遵循以上眼动规律的同时还有其自身的特点。

（3）个性化相关的眼动研究应用。

目前，眼动技术广泛应用于医学、心理学[74]、广告设计[68, 70, 96]、体育[97]、驾驶[98, 99]、军事[100]等各行各业，实验结论越来越丰富、精确。其中与个体差异有关的眼动研究主要有：在美国空军 F16B 的 15 个训练科目中，有 10 个应用眼动测量系统纠正了初训人员的错误扫视习惯，明显提高了训练效果[101, 102]；在体育心理学方面，眼动研究主要用于提高新手的训练模式和策略，如王恒等总结了在播放排球扣球视频时不同运动水平学生的眼动模式、视线轨迹、心理负荷等差异[66, 103]；在人机交互与工效学研究中，研究热点集中于视觉信息捕获方式与人体、心理状态的适应性；百度公司的用户体验部门利用眼动仪了解用户的操作反馈；腾讯公司利用眼动测试结果进行对话框按钮位置的设计改进；飞利浦光学电器的设计、飞机驾驶测试、交通动作噪声等研究也参考了眼动追踪结果；甚至还有学者对古装电视剧的收视率、二次元人物的思维过程差异进行了眼动分析；三星、苹果等移动设备研发部门也积极投身于用户体验的眼动研究热潮中，纷纷以眼控界面或眼控游戏作为新的卖点，通过对眼睛注视或眨眼等动作指向或激活屏幕内容；眼控研究对残障人士还有特殊意义。以上实验研究虽然未涉及地图研究，但是个性化认知差异的眼动实验设计及实验结果的量化分析方法可以为地图学个性化研究所借鉴，也为个性化地图可视化研究提供了多样的方法手段和技术支持。

1.3.2.3　地图学中的眼动研究现状

20 世纪 50 年代至 21 世纪初，地图学与认知心理学、实验心理学交叉发展，产生了实验地图学这门新的学科。虽然心理学中也出现过以地图为素材的眼动研究，但是关注的焦点是人脑认知模式，地图仅仅被作为工具使用，缺乏对地图本身的专业思考。20 世纪 70 年代，眼动研究走进地图学[104]。初期的眼动研究集中于对屏幕地图、交互性用户界面的分析，即用户在地图上"看什么"[105, 106]。但设备价格昂贵[107, 108]极大限制了眼动实验在地图学中的推广。随着科学技术的进步，一方面，眼动仪和计算机的价格下降了；另一方面，网络地图、移动地图、触摸屏地图、多媒体地图等爆炸式出现，它们的设计效果和可用性亟须得到科学验证和客观评价。20 世纪 80 年代，国外学者开始致力于设计复杂实验任务完成高级认知过程的研究，研究的焦点转向了用户在地图上"怎样看"。眼追踪技术在地图学中应用的复苏[95, 106, 109-113]，将实验地图学推向了一个前所未有的新高度，应用范围也越来越广泛。平面地图逐渐扩展到了虚拟环境、屏幕地图、交互性用户界面、地理可视化的可用性、移动地图等领域。

（1）国外地图学眼动研究。

在国外，先后成立了一些拥有眼动设备的地图学眼动研究机构或专业小组。例如，Andersen H. H. K.所在的意大利国家实验室、Ooms K.所在的比利时根特大学实验心理学系的眼动追踪实验室、美国加州大学圣巴巴拉分校地理系的 Montello D. R.课题组、Coltekin A.与 Fabrikant S. I.所在的瑞士苏黎世大学眼动研究小组、Koua E. L.与 Kraak M. J.所在的荷兰眼动机构、希腊雅典的国家科技大学地图实验室（the Laboratory of Cartography of National Technical University of Athens，NTUA）、挪威科技大学可用性实验室、美国空军研究实验室认知模型和因素分部（Cognitive Models and Agents Branch，Air Force Research Laboratory，CMAB）等。欧洲、美洲相继涌现出一大批眼动研究专家，美国的 Rayner，雅典的 Krassanakis V.、Filippakopoulou V.、Nakos B.，比利时的 Ooms K.、Maeyer P. D.、Montello，瑞士的 Coltekin A.、Heil B.、Garlandini S.、Fabrikant S. I.，丹麦国土局的 Brodersen L.等，就地图学领域的眼动研究问题展开了广泛的合作与交流。

在地图阅读与交互研究方面，丹麦国家地籍测量部的 Brodersen L.与意大利国家实验室的 Andersen H. H. K.和 Weber S.合作[106]，对以用户为中心的地图阅读行为、纸质地图的可用性、地图感受与地图设计、地理信息传输等进行了眼动研究，以眼动和语音相结合的方法，将地形图设计分为 10 个与空间认知相关的主题；Noyes 通过眼动数据研究在类似地图的显示物上注记邻近要素对注记识别时间的影响[37]；Pelz 利用头盔式眼动仪对如何提高地图和地图集的美学设计水平给出了建议[37]；Phillips R. J.[114]等在专题地图颜色、纹理编码等方面进行了眼动测试；Jenk G. F.[37]对点状专题图的区域归属进行了眼动实验研究；Dobso[37]探讨了在有无明确区域界线时被试读图的视觉过程差异；Noyes 和 Audley[37]进行了一系列实验，研究了图名设计对地图阅读速度的影响；Castn 和 Eastman 研究了地图阅读与地图复杂性的关系[37]；Lawrence 和 Olson & Lobben 等应用眼动实验研究了地图阅读的认知过程[37]；Fabrikant S. I. [115, 116]、

Garlandini S.等细致分析了色调、色相、方向等静态视觉变量和闪烁等动态视觉变量影响下的地图认知效率和眼动差异[37];德国慕尼黑工业大学的 Swienty O.[117]研究了地图动态交互及知识形成因素,依据认知心理学理论对认知效率和可用性进行了解释;瑞士苏黎世大学地理系的 Coltekin A.、Heil B.、Garlandini S.和 Fabrikant S. I.等组成的研究小组[109, 116, 118]在地图设计与认知、动态地图、时空地图方面做出了突出贡献,探讨了地图学中眼动研究的时代变化,总结了地图学中眼动应用的发展历史,研究了眼动热点图和显著模型用于地图可视化变量、视觉搜索策略分析和地图设计效果评估的有效性,指出了动态刺激和边缘视觉研究匮乏的问题。

在地图认知机制及地图可用性研究方面,荷兰特温特大学的 Koua E. L.、Kraak M. J.等[22, 119]的研究重点是地图可用性评估、时空数据可视化分析、虚拟环境可视化等,关注了地理可视化的可用性问题,归纳了地理可视化研究中的诸多挑战。Kraak M. J.[120]还长期关注地图的时态问题,提出了时空立方体模型;波兰华沙大学的 Opach T.对动态地图的语义信息传输[121]、地图学与图形设计[122]等方面有浓厚的兴趣;挪威科技大学的 Nossum A. S.的研究方向为语义模拟[123]、室内地图[124]、动态地图、地理现象的可视化方法、时空立方体模拟地图等[125-127],介绍了动态、交互、组件式地图界面眼动数据的新分析方法;芬兰赫尔辛基行为科学研究院的 Irvankoski K. M.[128]在硕士论文中对地图认知进行了系统论述;德国慕尼黑工业大学的 Swienty O.[117]在基于认知心理学和认知神经学等理论撰写的博士论文中,分析了注意导向地理可视化的认知效率和可用性。

(2)国内地图学眼动研究。

在国内,眼动技术从 20 世纪 80 年代初才走入国门,高俊院士敏锐地注意到了这一创新实验方法的优越性,1984 年就曾在《地图感受与地图设计的实验方法》中提出,把眼动研究作为地图设计的 3 种实验方法之一,并作为观察视觉生理机能的主要手段,间接探求用户对地图注意力的集中和兴趣[69]。高俊院士还十分重视用户的文化水平、使用地图的经历、使用地图的场合等个体差异对于地图认知的影响[12]。地图学家们已经看到了眼动追踪方法在地图学研究中的优势,并在过去的几十年里，借鉴其他行业和国外地图学界的眼动研究经验，进行了大胆尝试。例如，游万来等[37]利用眼动实验探究了电子地图的缩放和平移功能的设计对网络地图可用性的影响；董卫华等[37]以眼动实验作为视觉分析方式，通过收集被试在完成特定任务过程中的眼动数据、准确度及响应时间，评估了动态地图的可用性；牟书、刘儒德等[37]发现地图上有无地理标志和背景的复杂程度会显著影响空间定向的反应时；长安大学的李霞[129]提出了时空立方体眼动数据的可视化模型，对地理空间数据随时间轴、时间钟和时间波的可视变化进行了延续研究。

虽然国内的地图学眼动研究正处于上升期，但是成功的实验案例还比较少。一方面，地图厂商看到了新的商机，主动与具有眼动研究资质的院校或科研院所寻求合作，以提高自家产品的可用性，占领更多的市场份额，如合众思壮公司、高德公司、携程旅游网等；另一方面，地图学家也积极呼吁加强地图学理论研究，尝试利用眼动技术突破地图学发展道路上的瓶颈。

1.3.2.4 个性化地图的眼动研究

在国外，大概从 2008 年起，地图学家们才开始关注眼动研究中的个性化差异问题。在国内，与个性化地图相关的眼动研究较少。

国外的个性化地图眼动研究成果主要集中在被试群体之间的眼动模式差异研究、新手与专家之间的注视行为差异研究、个性化视觉搜索策略分析研究、地域文化差异的影响研究、地图设计情感响应的眼动研究、多种地图形式的可用性差异研究、地图目标引起的认知差异研究、小尺寸屏幕显示特性研究、室内导航与室外导航不同的特点研究、高低语义水平的眼动差异研究等方面。

（1）个性化地图设计与交互研究。

Gould 从用户的角度对地图的复杂性、制图综合、符号设计等进行了眼动实验研究；Hermans O.等研究了缩放与漫游搜索方式中的不同眼动模式，并且注意到了不同用户群体之间的差异性；比利时根特大学的 Ooms K.和 Maeyer P. D.、Fack V.等持续关注地图设计视觉变量、眼动实验方法、用户的个体差异[130]、动态标签（Label）方法和效果、动态与交互地图中的眼动模式、眼动空间维度的 Visual

Analytics Toolkit 工具分析、新手和专家地图学习注视行为的差异,以及数字时代地图与用户之间的解译、认知与记忆[131-134]等研究。

(2)个性化地图的可用性研究。

Fabrikant S. I.与 Montello D. R.等[135]对地图动态显示过程中的推理负荷、个性化视觉搜索策略分析和地图设计效果评估的有效性进行了研究,指出了动态刺激和边缘视觉研究匮乏的问题;英国伦敦大学的 Andrienko G. L.与德国的 Andrienko N. V.[37]多次合作,对动态地图、时空地图、网络地图、移动地图的可用性和数据挖掘问题进行了眼动可视化分析,总结了地理可视化分析中存在的挑战,注意到地图应用中的美国、欧洲地域个性化差异,还与MacEachren A. M.、Kraak M. J.、Fabrikant S. I.、Resch B.等[135]就动态、移动地理可视化分析方法等问题进行了合作和交流。

(3)个性化地图认知研究。

Eric N.Wiebe 等研究了被试在不同任务目标和地图维度条件下的眼动方式,从而得出了地形图认知的差异;希腊雅典国家技术大学农业测量工程学院地图学实验室(NTUA)的 Krassanakis V.、Filippakopoulou V.、Nakos B.团队,应用Viewpoint 眼动仪对地图学眼动应用进行了系统研究[136],关注了被试对地图符号中图形空缺(Hole)特征的认知[112]、动态变量的眼动分析[137]、地形图中的地标搜索等内容,对眼动设备和机构进行了总结,指出了未来的研究方向是眼动指标矩阵分析,以及对不同用户、不同地图的个性化研究[138];Raubal M.、Kiefer P.、Giannopoulos I.等对小尺寸屏幕上的导航注视历史和地理注视标志进行了研究,通过对地图认知活动的眼动研究,指出了眼动可以为视觉场景感受过程提供定性和定量的证据,对高低语义水平下的寻路认知进行了眼动解释;美国加利福尼亚大学圣巴巴拉分校地理系的 Montello D. R.教授及他所在的团队从 1999 年就开始关注地理科学中的认知问题[139, 140]、地理可视化中的可用性问题[141]、空间寻路问题中的性别差异[142]、不同尺度下的个体空间能力差异等个性化地图可视化的相关问题[143];Fabrikant S. I.报告了关于地图设计情感响应的研究[144],在COSIT2011 会议上对地理可视化决策中的时空问题表示关注;Ooms K.等近期开始关注室内导航地图的研究[145]；苏黎世瑞士联邦理工学院（ETH）地图学与地理信息研究院的 Raubal M.、Kiefer P.、Giannopoulos I.等在地理可视化、地图认知与交互[146]、地理信息科学认知工程[147]、地理信息语义规则[148]、移动地图导航交互[94,149,150]、地理矢量特征的眼动匹配[110]等方面的研究取得了丰硕成果，对地图认知活动的眼动研究进行了总结[151,152]，说明了眼动分析为地图学研究提供了定性和定量的证据，并指出了高低语义水平的眼动差异，即低语义水平的眼动与几何图形进行注视匹配,高语义水平的眼动是自我定位过程中的地图匹配和空间寻路认知活动[111,153]。

（4）眼动实验法与其他实验方法的联合应用。

在眼动技术出现之前，地图学领域就有一些关于地图个性化差异的研究方法。例如，陈毓芬教授[11]及她带领团队中的吴增红[154]、谢超[155]、徐琳[156]、邓毅博[157]等描述的直接观察法、问卷调查法、主观评价法、认知感受实验法等[158]。眼动技术在成功应用于个性化地图研究之后，它们作为预实验方法和补充手段为个性化地图研究提供交叉证据，仍然得以延续使用。

出声思维法能够探索思维过程，用于辅助验证采用其他实验方法获得的结论[37]；McGuinnes S.于 20 世纪 90 年代将出声思维法引入地图学与 GIS 研究领域；Simonungar 运用出声思维法探索了地图阅读者的自发策略；Elzakke 采用以出声思维法为核心的组合式研究方法对制图中以需求为驱动的认知过程进行了研究；Blok 运用出声思维法对地图动画进行了研究。

因为 fMRI 需要一定的专用设备和操作空间,所以它主要用于对虚拟现实环境的研究。近年来，地理学家 Maguireetal、Hartleyetal、Rosenbaumetal 等[37]已经运用 fMRI 对虚拟现实中的导航问题进行了初步探讨。

近年来，一些地图学者尝试将眼动实验法与其他实验方法联合应用。例如，Fabrikant S. I.等同时使用传统可用性方法与眼动实验法的创新研究[135]。眼动实验法与问卷调查法、反应时实验法、出声思维法、焦点组访谈法、认知走查法、启发式评估法、绩效测试法（含问卷）等的联合运用，以及与脑电、fMRI、皮电、皮温、肌电、EOG、EGG、行为分析、表情分析等生物信息与神经学科的实验方法的交叉印证，在网络地图、移动地图、虚拟环境等领域的可用性研究中取得了初步成果，给个性化地图的眼动研究带来了新的启示，也给实验地图学的发展注入了新的活力[105]。地图学家坚信能够客观、实时地提供定性与定量数据的眼动技术会在个性化地图学研究中有所作为，并为此不懈努力。

1.3.3 个性化地图服务技术研究现状

自从1995年个性化导航系统Web Watcher、个性化推荐系统LIRA、个性化导航智能体Letizia问世后，个性化技术与服务广泛应用电子商务[159]、搜索引擎[2]、数字图书馆、Web信息服务[1]、远程教育、多媒体信息、管理决策等诸多领域[154]，在一定程度上解决了"信息迷航"与"信息孤岛"的矛盾问题。依本书内容需要，作者主要关注了相关的定制技术、自适应技术和模板技术。

1.3.3.1 地图定制技术

交互式定制仍然是当前地图个性化设计的主流方法，主要有5种方式。第1种是早期由制图者按照用户提出的需求为用户定制的单机版地图。第2种是由用户利用制图软件提供的简单交互和参数选择工具，自己完成地图的实时设计工作。第3种是在地图网站提供的基本功能的基础上，由用户远程调用地图服务器上的资源，在线添加地图功能和个人感兴趣的信息，选择可视化操作界面，并保存成自己的私人地图，可以收藏、重复使用或与好友分享，但数据的维护和更新仍交由地图服务商管理。例如，Google Earth支持基于Maplets创建包含照片、视频等信息的多媒体旅行日记，天地图允许用户保存标注的兴趣点与地址、电话、邮箱等信息，百度地图、TomTom地图支持步行导航等。第4种是对地图设计软件样式和功能的定制，如ArcInfo、MapXtreme、Illustrator、MapGIS、SuperMap等都提供了丰富的二次开发接口和控件。第5种是基于网络渠道等收集公众需求，为一些大客户提供产品定制开发业务，如中华地图网。

个性化地图定制与推荐、推送服务一起，不需要用户频繁提供信息就能主动适应用户需求，减轻了用户的操作负担，提高了用户的满意度。例如，移动导航地图的超速提示、周边 AOI 推荐、昼夜模式切换、正北和视线前方视角的变化、比例尺的多级过渡、路口分屏放大等功能。但目前个性化地图定制的缺点是：大量的非专业用户难以准确寻找定制工具，或不能全面表达自己的兴趣，存在冷启动问题；可定制选项的设置太过随意，缺乏认知理论和制图的专业指导，从而导致定制结果与个性化需求的匹配不够准确；当用户兴趣发生变化时，已定制的地图内容和样式不能自动更新，必须进行模型重建。

1.3.3.2　自适应技术

Ramirez J. R.[160]指出未来的地图必须是高度自适应、可交互并且真实感强的，在人工智能等技术的支持下，在地图需要表达什么地理信息和如何表达这两个方面实现用户控制或自适应。自适应地图的研究仍处于实验室阶段，研究成果主要分为两类：一类是地图产品对用户实时、动态可视化需求的自适应，如地图背景色随昼夜自动切换以适应用户在这两种环境下不同的视觉特点；另一类是地图软件开发平台自动适应用户的个性化特点来提供合适布局、功能、界面、内容的地图软件工具，如为非专业用户提供的地图操作软件中自动省去专业的空间分析功能。20 世纪末，伦敦大学和欧洲媒体实验室等提出了自适应制图可视化（Adaptive Visualization Cartography）、自适应地理信息系统（Adaptive GIS）等研究方向。从 1999 年起，欧洲支持的 PALIO 项目[161]，欧盟陆续支持的 GiMoDig[162]、CRUMPET[163]和 Deep Map[33]项目，对旅游信息服务系统中基于情境（用户、位置、环境、设备）和移动位置的自适应技术、原型构架、建立方法、内容设计等进行了研究[164]；中国科学院地理科学与资源所地图可视化组和德国慕尼黑工业大学航空摄影测量与地图所于 2001 年成立了自适应空间信息可视化（Adaptive Geo-Visualization，AGVis）研究组，提出了自适应地图可视化框架[165]，引入了用户背景、用户认知、用户行为和用户场景模型，建立了地图数据、版式、表达等设计模板，将地图自适应设计与服务研究引入中国；王英杰研究员、陈毓芬教授等出版的专著《自适应地图可视化原理与方法》，是对相关研究中自适应地图可视化理论、技术与方法的全面总结。

自适应地图是个性化地图的最终形式,将地图设计与地图服务过程合二为一,因此成为现代地图学发展的重要方向之一。

1.3.3.3 模板技术

模板是相似事物的框架型模式,其实质是基于经验对某类事物的规范和标准进行定义[166]。汽车、家具、电器、服装、机械、手机等很多行业都通过模板组合或修改来实现个性化产品设计。例如,汽车的发动机型号、轮毂样式、喷漆颜色、头枕靠垫、腰线装饰、工程零件的可重用性参数化设计等。最典型的就是微软公司的Word、PowerPoint等系列产品中,将封面、目录、图表、封底、形状等要素分类建库,形成企业宣传、项目竞标和工作汇报等各类产品模板,使用户可以通过选择和组合快速实现个性化制作。

国外的制图专家模板出现较早。例如,1985年英国研制的MAP-AID地图设计专家系统,能够提供地图要素的符号类型的专家经验模板;美国利用模板技术对专题地图数据和地图内容进行了分类、分级、合成和显示。GIS制作软件中也应用了模板设计思想。例如,Esri公司于2012年推出了具有丰富开发接口、移动App终端、支持Word和PPT专题制图的ArcGIS 10.1;超图公司于同年发布了统计专题地图一键式制图模式的"地图汇";Illustrator将地图符号、色彩、样式分别建立了模板库,还可以保存地图模板。

在国内,江南、孙亚夫等利用点状、线状、面状符号模板,以及颜色模板、统计符号样式模板等工具设计了专题地图,并对基于符号库和模板专题地图的显示风格转换机制进行了研究,为空间信息可视化奠定了基础[167];冯涛等[168]对专题制图系统中的数学参数和数学运算进行了抽象化和结构化设计;周海燕等对专题制图模板进行了定量研究;吴增红[154]、姚宇婕[169]、徐琳[156]、邓毅博[157]等将模板技术应用于个性化网络地图、引导型专题地图、应急地图设计和地图符号自主设计。

将模板技术引入地图设计能够简化设计过程、积累设计经验、加快成图速度、提高工作效率。地图模板经过设计论证,包含了制图专家的知识和经验,具有一定的科学性、重用性和可扩展性。通过对通用模板的个性化组合与定制来实现个性化设计的目的，是实现地图和其他产品设计的时尚潮流。而且丰富的备选模板能够在一定程度上解决定制技术的冷启动问题。

1.3.4 研究现状总体分析及存在的问题

目前，"新地图学"家族成员空前丰富，使长期以来理论与技术发展不协调、偏重制图技术创新、理论研究严重滞后的问题凸显出来[170]。一方面，众多的用户无法对自己的地图需求和使用特点做出准确描述；另一方面，制图专家亟须获取地图可用性评价结论来提高地图设计水平。虽然，地图厂商和非专业用户设计的地图样式层出不穷，但是用户面对各种各样的地图，总找不到自己当下最想要的那一个，不能摆脱地图使用的束缚感。个性化地图的认知理论、实验方法、服务技术研究还存在以下问题。

（1）个性化制图技术快速创新，理论研究严重滞后，个性化地图认知研究缺乏针对性和系统性，理论体系欠缺。在 Web 2.0 和信息技术的驱动下，可视化技术带来了地图的多种表达方式和个性化分化；交互门槛的降低带来了地图的大众化和普适化；网络地图的发展带来了众包数据和泛在制图；多维、复杂环境下的新型地图带来了新的认知规律。但是，个性化地图的定义并不统一，分类和特点也并不明确，对地图认知因素的分类方法、个性化需求特点、心理机制差异等研究还远远不够，针对哪些地图适用于哪些人在什么维度、感官通道、显示载体等条件下使用还不清楚，导致个性化地图设计有很大的主观性和盲目性。个性化地图认知机理研究的匮乏已成为影响地图信息传输效率的主要问题，亟须建立个性化地图认知研究的理论框架和方法体系。

（2）用户的主体地位不明显，缺少对用户个性化需求的基础调查，服务精细化程度不够。目前地图认知模型存在偏差，用户分类不够精细，影响因素覆盖不够全面。地图个性化设计的出发点是制图者认为用户需要什么，而不是用户实际上需要什么。制图者对用户需求的理解程度决定了地图的个性化实现程度，实质上仍然是以制图者为中心。用户研究重视群体分类，轻视个体匹配。这些问题导致用户使用地图的认知负荷较大，满意度和情感需求不能得到完全满足。只有通过客观、大样本的调查研究,才能了解不同类型用户在不同环境下的认知特点,建立精确的认知影响因素模型,使地图设计在普适化的基础上逐步满足用户的个性化要求,使地图服务投其所好、应其所需、越来越精细化。

(3)个性化地图认知定量分析较少,忽视了多种地图认知因素之间的交互、叠加作用,而且研究结论缺乏实验验证。目前,个性化地图的研究大多是对某种载体、维度的特点进行分析,或对某一用户特征进行比较研究(如年龄中的年轻人与老人、专业程度中的地图专家与新手),多种影响因素叠加作用(如用户的年龄和性别是同时存在的)的横向分析较少,未见对地图要素与主观因素、环境因素交互作用的研究。心象地图与认知地图等研究还处于定性阶段,缺少实验的定量支持,研究变量还局限在反应时和正确率上,个性化地图研究结论的科学性和可靠性缺乏实验验证。

(4)缺乏对地图认知过程的实时监控。现有研究中对个性化地图的认知结果研究较多,未见对认知过程进行实时、动态监控的研究。高俊院士曾明确指出,要探讨用户对地图的感受,不能孤立地研究每个符号或者某一类符号的效果,还要寻求如何从总体上获得地图信息的规律。这就必然要求对包括察觉、感受、再认、想象、判断、记忆等地图"认识过程"的探索[12]。

(5)地图学眼动实验法的优势还没有充分发挥出来,联合实验开展不够。心理学中个性化的眼动研究为地图学提供了可以借鉴的经验,但地图的个性化还具有其特殊性。目前,眼动指标的表征指示作用还不清楚、地图学的意义和适用条件模糊、不确定性内涵还存在争议。个性化地图的眼动实验仍然非常匮乏,可以参考的实例和文献都很少,研究缺乏专业性、系统性和规范性,因此还有很大的研究空间。国内对个性化地图认知机理的眼动研究较少,地图学研究机构之间的合作交流还不够多,缺乏眼动与脑电等新型实验手段之间联合实验的典型应用。

(6)地图个性化需求的满足程度缺乏评价机制,专业模板欠缺,个性化和智能化水平较低。地图与用户及环境因素的匹配效果缺少量化模型,用户个性化需求的满足程度缺少评估机制。"人人都能绘地图",但并不是人人都能绘出好地图。个性化地图设计缺少原则规范,大众制图成果的重用性差;非专业用户因缺乏训练不能有效表达自己的信息需求，对于地图的选择面临冷启动问题；能满足用户快速制图的、具有专家知识支持的、认知效果较好的地图设计模板欠缺；开放 API 服务主要针对商业、企事业单位定制数据与功能，或针对有开发能力的用户，大众用户定制地图成本代价过高；用户个性化信息的收集与实际使用地图的操作过程截然分开；地图情境模型太过简单和单一，对情境维度和复杂性的研究不够；情境模型的扩展性和健壮性较差，不能对个性化需求进行动态匹配，当情境发生变化时就需要重新建模；部分地图可视化系统返回大量冗余信息，影响了地图认知效率。

第 2 章

个性化地图认知机理研究的理论框架与方法体系

本章是全书研究的基础。本章在个性化地图的概念、分类及特点,以及个性化地图认知机理的研究内容、相关学科基础理论等基本理论问题,以及个性化地图认知机理研究的实验及分析方法的基础上,提出了本书的研究思路及研究步骤;构建了个性化地图认知机理研究的理论框架和方法体系,以期解决个性化地图认知机理系统性研究匮乏的问题。

2.1 个性化地图的概念、分类及特点

本节先基于认知心理学理论中对个性、个性化的定义,提出了个性化地图的概念,然后总结了不同角度的分类方法,最后通过与一般地图的比较说明了个性化地图的特点。

2.1.1 个性化地图的概念

"某某化"是指事物具有某种属性或某种趋势。个性化的概念是以个性的概念为基础的,因此,首先需要对个性进行研究。

1. 个性化

个性是英语 Personality 的译名,在心理学中常与人格一词混用,大概有 50 多个定义,它具有整体性、稳定性、可塑性、独特性、社会性和生物性等基本特征。奥尔波特提出,"个性是一个人内部决定他对环境独特适应的心身系统的动力组织。"我国学者朱智贤将个性定义为具有一定倾向性的,包括能力、气质、性格、兴趣等心理特征的总和[1, 65]。

个性化起源于个性,但是在应用中已远远超出心理学中的个性的研究范畴。关于个性化的描述主要有以下几种[1]。

(1)个性化联盟[1]认为个性化是通过更简单的交互、更好的服务、良好的沟通交流满足用户的个性需求。

(2)郭家义[1]将个性化定义为用户可以自由支配资源和工具,从而满足其个性需求的框架。

(3)余力[159]认为培养、了解、认可、体现、展现个性的过程就是个性化的过程。

2. 个性化地图

个性化地图的概念也具有多义性,但基本可以描述为:基于对当前主观和客观环境的理解,通过良好的地图表达或交互,使地图在内容、符号、色彩等方面,面向特定用户、特定主题、特定环境和特定任务[1],与用户的人口特征、文化背景、专业知识、熟练程度等主观因素,以及地图展示的维度、载体、光线等客观因素相适应,从而降低用户的认知负荷,提升认知效果和信息传输效率。个性化地图的研究目的是将"最好的地图"转变为"最合适的地图",满足用户的某种特定需求,实现"3R"甚至"多 R"地图,最终形式是具有高度自动化、智能化的自适应地图[21]。

地图是一种表达时空信息的工具，用户对地图的需求、认知、选择和使用受到主观因素和客观因素的影响。主观因素包括用户的性别、职业、年龄、学历、兴趣、特长、气质、性格、偏好、能力、心理、动机、经历、行为等；客观因素包括时间、地点、温度、光线、载体等。这些因素直接影响着用户对地图的需求、认知、选择和使用，使地图需求呈现出多样化的状态。个性化地图可以通过制图者的地图表达或通过用户的交互操作实现，制图者对个性化地图的表达主要是指地图设计；而个性化地图服务则更关注用户与地图的交互[154]。虽然电子商务、搜索引擎、图书情报等领域的信息资源组织和服务技术创新提供了一些可以借鉴的个性化经验，但是地图的个性化还具有其特殊性。第26届ICC国际制图大会的28个专业委员会（共）中有21个与个性化地图相关，这充分说明了个性化地图研究的重要性。

2.1.2 个性化地图的分类

个性化地图形式多样、种类繁多，没有统一的分类规范，可以从用户、主题、内容、环境、任务、表达方式等角度进行分类。

从目标用户上，分为儿童地图、老人地图、残疾人地图等；

从主题应用上，分为应急地图、旅游地图、环保地图等；

从内容选取上，只将兴趣图层突出显示，屏蔽无关要素，分为餐饮地图、交通地图、景点地图等；

从使用环境上，分为夜光地图、绘制在布帛上的防水地图等；

从个性化的程度上，分为非个性化地图、个性化地图、自适应地图等；

从空间维度上，分为二维地图、赛博地图、仿真地图、全息地图、虚拟现实环境等；

从传播和存储方式上，分为单机地图、分布式地图、网络地图、云地图等；

从显示载体上，分为纸质地图、计算机屏幕地图、手机地图、触摸屏地图、导航地图等，随着智能手机、平板设备与计算机之间界限的模糊，以上类型有所交叉；

从个性化表达方式上，依据符号样式、整体风格、工具图标等分为卡通地图、知性地图、淡雅地图、手绘地图等；

从多媒体的运用程度上，分为一般地图、照片地图和视频、超链接网页等综合运用的多媒体地图；

从规范性和夸张程度上，分为写实地图、示意地图、写意地图等。

本书以地图研究中最常见的、计算机屏幕上显示的二维电子地图为例，说明个性化地图的认知因素构成、认知评估方法和认知差异监控分析方法。

2.1.3 个性化地图的特点

个性化地图既具有科学性、艺术性的特点，又具有交互性、动态性的特点，还具有一定的表达特殊性和环境适应性的特点。与传统地图相比，个性化地图在情境需求的个体针对性、地图内容的实时选择性、影响因素的主观和客观多元性、数据来源的复杂多样性、设计方法的机动灵活性、交互手段的叠加智能性、用户参与的积极主动性、同源地图的载体分异性等方面都有所不同。

（1）用户需求的针对性。一般地图只关注地图的普适化效果，目标是满足用户的共性需求；而个性化地图的目的就是满足用户的个性化需求，因而关注不同用户群体甚至用户个体的特征需求、认知心理和行为习惯，目标是使地图符合用户认知特点及环境需求，从而降低用户的认知负荷，提升地图使用的舒适度，更加凸显用户的主体地位和以人为本的设计理念。

（2）认知效果更加重要。一般地图的科学性主要表现在投影方式、数据处理、地物位置、拓扑关系等的准确性方面，而个性化地图关注地图内容的选择、地物符号的分类、地图表达方法的设计是否可以满足用户此时此刻的需要，将地图认知效果提升到了重要的层面。例如，美食地图中只保留餐馆、道路等数据，对无关内容进行屏蔽，并将餐馆按照星级或按照小吃、烧烤、火锅、川菜等进行分类，主题突出，方便用户查找。

（3）影响因素多元化。个性化地图认知效果的影响因素既包括地图设计因素，也包括主观因素，还包括在使用地图时用户所处的客观因素。地图设计因素包括色彩、符号、布局等，主观因素包括用户的年龄、性别、爱好等，客观因素包括显示载体、光线、时间、季节等，它们中的任意因素发生变化都会影响个性化地图的整体认知效果。

（4）数据来源多样化。随着移动设备的普及，地图数据的采集方式发生了革命性的变化，基于众包数据的 LBS 位置服务使人人都能进行移动终端采集、上传地图数据，这种分布式的泛在制图方式，促进了地图的普适化，同时对数据的甄别和处理提出了更高的要求，也对地图工作者提出了新的挑战。

（5）设计具有灵活性。个性化地图的内容选择、表达设计等都具有一定的灵活性，一切以提升认知效果为目的，不需要死板地遵守制图规范。允许根据需要对制图内容进行筛选，可视化表达的自由度更高；允许设计夸张的符号样式，自由更改图名位置，根据需要改变地图色彩，也可以采用多种表示方法的组合实现个性化。例如，在景区导览图中，不需要严格按照比例尺进行设计，景点、服务中心、索道、路线等重要地物目标可能以尺寸的夸大设计或色彩的醒目设计引起用户的注意；旅游交通图中的道路有严格的数学基础，而景区路线示意图的要求则宽松许多；应急地图中对疏散通道的醒目表示，等等。但这并不是说个性化地图的设计可以为所欲为，它仍然要遵循一定的设计理论和设计原则，只是与一般地图相比它设计的自由度更高，允许地图表达方法的创新和突破。

（6）具有实时、智能交互的特点。自由体验地图设计方案和定制地图已经成为一种新的地图改进方法。在用户与地图的实时交互过程中，用户不是被动地接受设计结果，而是通过选择、定制等方式主动参与制图过程，输入、输出方式也具有个性化特征，推荐、推送等地图服务过程也因人而异。用图者向制图者角色的转换、地图制作与使用阶段界限的模糊，都是个性化地图与一般地图的不同之处。

（7）针对性较强，迁移性较差。个性化地图可视化对时间、地点、人、环境、载体都有很强的针对性。例如，在适应不同季节的地图中，夏季地图上设计垂钓场所符号，冬季地图上设计滑冰场符号；在适应不同光线的导航地图中，经常有昼夜切换模式，如果将夜晚地图直接移植至白天使用就看不清楚了。个性化地图还具有同源地图载体分异性，纸质地图有打印输出和印刷输出的区别。IPAD、智能手机、各种显示屏、投影幕布等硬件设备上的电子屏幕的尺寸、分辨率等更加多样化。针对某一种载体设计的个性化地图迁移到其他载体上也许效果很差。例如，计算机屏幕上的二维地图直接迁移到手机上，经常会出现地物压盖、界面混乱的现象。

（8）评价手段联合化。个性化地图的评价方式包括定性研究和定量研究。

实验方法既包括问卷调查法、焦点组访谈法、主观评价法等传统的实验方法，又包括眼动实验法、脑电监检法、出声思维法等新型实验方法，还可以通过多种实验方法的联合同时提供定性与定量的依据。

2.2 个性化地图认知机理的研究内容

对个性化地图认知机理进行研究，首先要明确其研究对象、研究范畴和关键问题。

2.2.1 研究对象

机理是事物变化的理由与道理，是为实现某一特定功能，在一定的系统结构中各要素的内在工作方式，以及诸要素在一定环境条件下相互联系、相互作用的运行规则和道理[171]。

本书中，个性化地图认知机理的研究对象包括符号、色彩、布局、工具等电子地图上的所有要素，以及对其认知和使用构成影响的用户、载体、时间、位置、光线等因素。通过了解个性化地图认知因素的构成和权重，本书逐步建立了地图适合度量化评估模型，确定了地图与用户、环境的个性化匹配规则，分析了在地图认知过程中自下而上、自上而下的信息加工范式的相互联系和相互作用；通过眼动手段表征了个性化地图的认知差异及动态过程，获取了个性化地图的认知规律。认知机理是个性化地图研究的瓶颈与核心内容，将地图个性化与可视化紧密联系在一起。

2.2.2 研究范畴

个性化地图认知机理的研究范畴涵盖了理论、方法、技术和应用等问题，具体如下。

（1）个性化地图的基本理论研究。包括个性化地图的概念、分类、特点等；在文献分析、问卷调查和眼动实验的基础上，总结归纳个性化地图的设计知识和原则，为个性化地图可视化提供理论指导。

（2）个性化地图认知机理理论研究。包括：认知机理的研究对象、研究范畴、关键问题；相关的地图设计理论、地图感受理论、地图信息传输理论、地图空间认知理论、认知心理学相关理论等基础理论；理解个性化地图的认知过程、模式识别范式；特征分析理论、模板匹配理论（Template Matching Theory）和原型匹配理论（Prototype Matching Theory）及其与情境效应、期望效应在地图学中的应用；研究个性化地图认知因素、用户分类、认知适合度评估方法、认知差异的理论解释、认知过程的分解方法等。

（3）个性化地图认知的实验方法研究。包括问卷与眼动实验的设计与实施、素材制作、实验流程、信度与效度检验、数据分析方法等；了解眼动指标的意义，眼动研究的地图学作用，眼动实验的特点和优势；分析眼动-认知表征关系，基于认知心理学理论对结果进行讨论；运用热点图、视线轨迹图等可视化图形将地图认知差异和过程可视化；通过以眼动实验法为主，以问卷调查法、出声思维法、德尔菲法、焦点组访谈法为辅的联合实验方法，获取个性化地图认知结论。

（4）个性化地图认知效果的评估计算方法研究。包括地图要素重要性排序、问卷及眼动数据的统计、地图要素与认知影响因素匹配程度的判定、基于权重计算的地图认知适合度评估等。

（5）个性化地图的评价验证方法研究。包括地图认知影响因素初始模型的问卷分析验证，地图认知适合度评估方法的眼动验证，眼动实验与问卷调查结论的交叉互证，个性化地图认知机理相关理论、方法、实验的系统验证，试验系统应用效果的实验验证等。

（6）应用方法与技术实现研究。设计并开发个性化地图可视化试验系统，验证个性化地图可视化设计原则的应用方法，包括模板库的设计、模板的组合，以及用户模型、地图模板、地图原型的动态更新机制等。

2.2.3 关键问题

在个性化地图认知机理研究中，需要明确以下几个关键问题。

（1）地图认知适合度评估模型的建立及权重确定。个性化地图及其影响因素都具有复合性、复杂性、多维性等特点。目前的技术水平还不能做到完全自适应，也就是智能化、自动化地为用户提供最满足个性化需要的地图，因此需要对基于认知特点的地图适合度进行评估。要建立地图认知适合度评估模型，不仅要明确影响个性化地图认知效果的影响因素有哪些，还要明确在用户看来，地图要素是如何分类的，它们的重要程度如何；每种地图要素的设计受哪些主观和客观因素的影响，以及如何将地图要素组合成地图整体等问题。

（2）地图认知因素综合分析、认知过程与认知差异的实时监控。在心理学的研究结论中，认知由觉察、注意、辨别、识别、解译、记忆、确认等一系列复杂环节构成。那么，个性化地图的认知过程分为哪几个阶段？每个认知阶段分别受哪些因素的影响，它们之间有什么关系，如何同时发生作用？采用什么方法能够将隐式的认知过程客观、实时、显式地表达出来？用什么描述和表征手段使其"可视"？这种实验方法的优势在哪里，如何弥补它的不足？

（3）眼动实验的量化分析及交叉互证。眼动实验法在个性化地图认知机理研究中的应用范例尚少，国内更未见相关研究。因此，需要解决的问题有：个性化地图的研究能否借鉴心理学中比较成熟的阅读、图片个性化眼动研究经验？个性化地图有什么特殊性？眼动指标的地图学意义是什么？眼动指标能否指示地图认知中的个性化差异？个性化地图眼动实验的结果说明了什么，如何进行量化分析？眼动实验法与问卷调查法等其他方法的结论是否一致，哪个更加正确，为什么？

2.3　个性化地图认知机理研究的理论基础

个性化地图认知机理研究的理论基础包括地图学相关理论和认知心理学相关理论，它们与个性化地图的概念、个性化地图认知机理的研究内容共同构成了个性化地图认知机理研究的理论框架。

2.3.1　相关基础理论框架

个性化地图认知机理研究的基础理论主要包括地图设计与感受理论、地图可视化理论、地图空间认知理论、认知心理学相关理论、地图信息传输理论、情境理论（见图2.1）。下面主要介绍地图感受理论、地图信息传输理论、地图空间认

第 2 章 个性化地图认知机理研究的理论框架与方法体系

知理论和认知心理学相关理论。

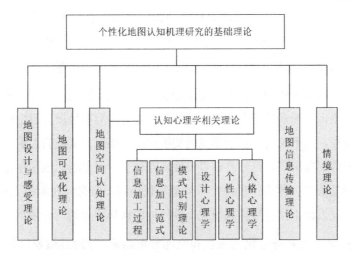

图 2.1 个性化地图认知机理研究的基础理论

2.3.2 地图感受理论

地图感受理论是现代地图学的基本理论之一。在人类利用多种感觉器官进行空间认知时,视觉是首要的、主要的信息获取渠道。纸质地图时代的地图感受研究主要集中于视觉变量和视觉感受效果两个方面。法国图形学家 Bertin J. 于 1967 年提出一切符号都由形状、方向、尺寸、色彩、亮度和密度 [Shape、Size、Orientation、Hue、Value (Brightness) 和 Chroma (Saturation)] 6 个基本视觉变量构成[106, 172, 173],并对地图符号设计及色彩设计原则进行了研究。在后人补充了位置和结构两个视觉变量[15]之后,电子地图的出现使符号视觉变量向动态、多维扩展[174]。1995 年,MacEachren 提出增加清晰度(Resolution)、模糊/朦胧(Fog)、晕影(Vignette)、透明度(Transparency)、波纹(Ripple)、色彩饱和度(Color Saturation)6 个静态视觉变量[175]。再加上发生时长、变化速率、变化次序和节奏等动态视觉变量,其与静态视觉变量、视听觉变量、触觉变量和感知变量一起,将电子地图视觉变量扩充至 20 多个。更多变量的组合使个性化地图设计成为可能[25, 175]。

电子地图条件下的地图显示界面、地图操作软件、地图制图软件不再泾渭分明。大众制图、泛在制图甚至可将地图的设计与使用过程融合在一起。地图认知感受不是单纯地来自图面设计，地图操作软件中窗口布局、界面色彩、工具按钮等设计因素，以及用户、环境等因素对地图认知效果也有很大影响，并且对创造读图氛围、营造地图使用感受具有重要作用。因此，所有这些因素及其内部变量引起的视觉感受差异都是本书个性化地图认知机理研究的对象。

对此，王家耀院士认为[23]，视觉变量指视觉上可以觉察到的差别，基本上属于感觉研究的范围，为探索最适合人眼阅读的最有效的图形符号设计原则提供了一条比较科学的途径。它不仅仅局限于感觉的初级阶段，还包含认识的因素和心理现象的影响。他还特别提出[23]，符号具有等价性，即对于一定主题的地图存在一个地图符号设计式样的集合，集合中的每个符号都能代指同一概念，在本质上是等价的。这正是本书通过设计不同符号样式研究个性化地图认知差异的理论依据。

地图包括地理要素符号化的图像和空间分析结果，分为自然表达和符号表达。地图与图片等截然不同，符号决定着地图信息的传输效果，并不是把这些变量堆砌在一起就能形成一张地图[6]。符号感觉效果可以归纳为整体感、等级感、数量感、质量感、动态感和立体感；制图信息的视觉感受类型有联合感受、选择感受、有序感受、数量感受等；心物学感受规律包括轮廓与主观轮廓、目标与背景、恒常性、视错觉等[23]。以上理论直接指导个性化地图的认知因素分析、认知匹配评估及认知差异关系的研究。

2.3.3 地图信息传输理论

捷克的柯拉斯尼于1969年提出的经典地图信息传输模型认为，客观世界（制图对象）在经过制图者选择、分类、简化、编码后，通过地图符号系统传递给用图者，用图者在阅读地图时通过译码对信息进行分析和解释就形成了对客观世界的认识。

电子地图的出现，使纸质与电子屏幕载体产生了个性化分异。高俊院士提出了著名的地图学四面体模型，解释了电子地图时代地图信息传输模式的变化。王家耀院士将人脑的认知机制与计算机的光电通道进行对比后认为[23]，地图信息传输涉及符号学和传输理论，可以从工程心理学方面按人的感受通道传输地图信息，也可以按机器的光电通道传输地图信息。王英杰研究员、陈毓芬教授认为[21]，自适应地图可视化中用户的主动交互，以及制图参与都使地图信息传递过程发生了变化，充分注意到了用户的需求和特点。

地图信息传输理论对于个性化地图认知研究的意义在于，它指出了地图信息传输与制图者与用图者双方的知识背景、心理状态、认知特点及地图感受通道都有关系。个性化地图认知机理研究的目的就是，使制图者对特定用户和环境认知特点形成理解和预判，在对地图信息进行合理选择、分类、简化、编码后，在专业知识的干预下，通过地图符号系统将精准、实用的地图信息尽最大可能传递给用图者，以提高地图的可用性和设计水平，最终提高地图信息传输效率。

2.3.4 地图空间认知理论

视觉位于一切感觉之首，但视觉信息还要经过大脑的转换和解析，真正用来"观察"的其实是大脑。因此，要对人脑从接收视觉信息开始的一系列信息加工和认知过程进行研究。地图空间认知理论研究的是人们自己赖以生存的环境，包括其中的诸事物、现象的相关位置、依存关系，以及它们的变化和规律[176]，是认知科学与地图学的交叉学科。地图阅读、分析与解释等信息加工过程、空间现象及空间分布的认知模型、制图信息系统的智能化程度、视觉变量的认知和生理特点、地物形态结构与时空变化规律、地图设计制作等都是制图学家所关注的内容。

心象地图指的是人在通过多种手段获取空间信息后，在头脑中形成的关于认知环境（空间）的"抽象代替物"[177]，"地图空间认知中的心象地图和认知地图，就是视觉思维的过程。思维是通过一般普遍性的概念进行的，心象是个别的和具体的。任何思维，尤其是创造性思维，都是通过心象进行的，把思维和感觉统一起来的桥梁或媒介，就是心象。"[23]电子地图空间认知的核心内容是对从不同的电子地图上建立心象地图的过程及不同空间认知能力的用户在使用电子地图时的思维过程、认知策略的研究[176]。

高俊院士认为把认知科学的方法引入地图学研究主要有两个目的[176]："一是弄清地图是人类认知空间环境的结果，又是依据的信息加工机制；二是弄清地图设计制作的思维过程并设法描述它们。"在以地图为工具的空间格局认知和对地图本身认知这两个地图空间认知方向中，本书研究的是个性化地图本身的信息加工过程及差异，用于个性化地图的设计制作原则和方法。

2.3.5 认知心理学相关理论

认知心理学包括格式塔心理学、拓扑心理学和信息加工认知心理学等。20世纪60年代，随着信息理论、系统理论、控制理论和计算机科学与技术的发展，认知心理学成为西方心理学研究的一个新方向。20世纪80年代，完整的认知心理学体系基本完成[65]。1967年《认知心理学》的出版，标志着认知心理学的诞生，奈瑟（Neisser）在该书中提出，"认知是信息感觉输入的变化、简化、加工、储存、恢复和使用的全过程，强调信息在人脑中的流动过程，从感知信息开始到最终做出行为结束，包括储存、恢复和重建表象的能力。"[65]

2.3.5.1 信息加工理论

认知心理学研究感觉、知觉、记忆的加工、存储、提取和思维等不能被观察的内部机制和过程[178]，认知是信息的加工过程，认知是解决问题的过程，认知是思维过程[179]。信息加工方法于20世纪60—70年代在认知心理学领域独领风骚，至今仍有深远影响[180]。它的核心内容是将人的思维活动认同为信息加工的过程，目的是揭示获得、储存、加工和使用信息的认知心理机制。人类的信息加工过程与计算机处理信息的过程极为类似，都是信息输入—加工—输出的过程[180, 181]。Newell 和 Simon 认为，由感受器（Receptor）、效应器（Effector）、记忆（Memory）和加工器（Processor）组成的信息加工系统，以语言、标记、记号等表征外部世界的符号（Symbol）模式为对象。符号结构是信息输入和输出的标志，符号结构靠记忆储存和提取[66]。

目前，在个性化地图认知机理研究中，地图最主要的感受器官是人的眼睛，最主要的信息加工对象是地图符号，以及色彩、布局等其他地图要素。视觉特点能够反映人的思维过程。因此，眼动实验能够监控从地图要素的刺激输入开始的视觉、知觉、记忆的加工、存储、提取和思维等信息加工全过程，寻找输出决策的认知机理。

在认知心理学中，感觉属于低级的心理反映形式，受刺激所在的先前刺激、环境背景和知识经验的影响相对较小[181]。更重要的是知觉，包括视知觉、听知觉、嗅知觉等，与人的感受器官相对应。知觉的核心内容在于阐释我们是如何赋予所接收到的信息以意义的。其中，格式塔心理学是比较重要的理论，接近性、相似性、连续性、封闭性和对称性原理，以及主体背景原理、共同命运原理[182]是知觉的组织原则。

在个性化地图的认知过程中，视觉对地图刺激的感觉是直接的、敏锐的，几乎不受人的主观经验和知识的影响。但是在更加重要的视知觉阶段，地图自身之外的用户、环境等因素就开始综合作用于地图的认知过程和认知效果。

2.3.5.2 信息加工范式

模式指的是一组刺激或刺激特征组成的一个有空间和（或）时间结构的整体。知觉研究的一个中心课题就是模式识别（Pattern Recognition）[182]。视知觉即视觉思维的模式识别范式可以分为自上而下的加工过程（Top-down Process）、自下而上的加工过程（Bottom-up Process）及其相互作用3种[181]。以Gough为代表的自下而上的信息加工范式强调刺激的作用，认为视觉信息的获取过程是有组织、有层次性地从小的信息单元到大的信息单元，直到最后获得全部信息的过程，是较低层次的信息加工范式。以Goodman为代表的自上而下的信息加工范式并不强调单一识别能力，而是注重理解的重要性，以及先前经验和知识背景对理解推测、验证的影响，突出了长期记忆和背景知识在理解中的作用，通过大脑中高层次图式对输入信息进行预测、判定和选择，从而加速信息的吸收与同化。以Rumellhart为代表的自下而上与自上而下相结合的信息加工范式兼顾了刺激信息与经验信息，认为从接受刺激开始，用户就不断地从刺激中提取信息的意义（自下而上的信息加工范式），同时也会从经验知识出发尝试解释信息的意义（自上而下的信息加工范式），这个过程既受到信息解码过程的影响，也受到先前知识和信息获取策略的影响，信息聚合依赖于刺激信息的视觉处理与知识结构等非视觉信息的认知处理两部分，其中认知处理是关键[181]。

个性化地图的认知是一个自下而上与自上而下相结合的过程。在这个过程中，地图和环境因素以自下而上的方式刺激人眼，因此较好的地物组织和符号设计能够提高地图的认知效果；用户在性格特点、文化背景、知识结构、专业程度的综合作用下，以自上而下的方式对地图刺激进行推测、提取、解译、判别，并不断与记忆中的心象进行比较，尝试对感受到的刺激进行匹配和验证。其中，认知会影响解码的速度和深度，以及信息获取策略的运用，这仍然是最关键的问题。

自下而上与自上而下相结合的信息加工范式的一个典型代表就是图式理论[180]。图式是人们头脑中存在的整体知识，以及有关某一领域的专门知识，是以层级形式（Hierarchy）存储在长时记忆中的"相互作用的知识结构"或"构成认知能力的模块"（the Building Block of Cognition），即图式是人们过去获得的知识、经验在头脑中围绕不同的事物和情景形成的有序的知识系统，是人们认知事物的基础，为分析个体认识活动过程中认知框架的作用提供了依据[180]。人们在理解新事物时，需要将新事物与已知的概念、过去的经历（背景知识）联系起来，对输入的新信息的理解和解释必须与头脑中已经存在的图式吻合。Carrel 和 Eistethold 认为，图式分为内容图式（Content Schemata）和形式图式（Formal Schemata）[180]。内容图式是指新事物内容调用的背景知识，图式的丰富程度直接影响人对新事物理解的正确性；形式图式是指结构方面的知识，影响预测、选择、验证过程中人对结构策略和逻辑关系的运用。图式理论强调已有的认知结构对当前活动所起的决定作用；强调用户的主动性，以及用户对当前理解的创造性[181]。

用户在使用地图的过程中，所有认知活动都处于利用知识、经验建立起来的各种地图图式框架中，只有与用户头脑中已知的地图概念、使用经验一致的地图设计才能带给用户良好的认知体验。在电子地图认知中，用户对地图要素的理解调用的是陈述性知识和内容图式，对地图操作调用的是形式图式。用户在已有地图的基础上进行主动创造思维，形成新的图式。良好的地图认知结果又将新图式添加到用户头脑中。

自下而上的知觉加工模型主要有 3 种类型，分别是特征分析（Features Analysis）、模板匹配（Template Matching）和原型匹配（Prototype Matching）。自上而下的知觉加工模型要考虑情境效应（Context Effect）和期望效应（Expectation Effect）。视觉思维的信息加工范式中的模式识别理论是本书的理论与方法研究的依据。情境效应是指物体识别的精确度和所需时间随情境变化而变化，因此任何知觉模型必须结合情境和期望[180-182]。本章后面的章节将重点应用这些理论，对个性化地图认知因素的构成、个性化地图要素的匹配及地图适合度评估、个性化地图认知因素的综合作用机制等进行深入研究。

2.4 个性化地图认知机理研究的实验及分析方法

本书采用以问卷调查法和眼动实验法为主,以直接观察法、德尔菲法、主观评价法、焦点组访谈法、出声思维法等为辅的联合实验方法,以定性研究与定量研究相结合的方式,对个性化地图认知机理进行深入研究。

2.4.1 问卷调查法

下面介绍问卷调查法的概念、问卷的分类、问卷的信度与效度、问卷调查法的优缺点及地图学应用。

2.4.1.1 问卷调查法的概念

问卷调查法是社会学范畴常用的一种调查方法,指的是采用一种统一格式的问卷作为资料收集工具的调查方式。问卷调查法可用于了解用户对产品或设计的观点、态度、喜好、个人信息等,也可用于获得用户的产品使用习惯、品牌偏好、购物决策方式、产品使用反馈等内容。问卷调查一般包括问卷需求分析、调查问卷设计、问卷发放和结果分析等流程,具有匿名性、可量化、可比性等特点。一份完整的问卷一般包括标题、卷首语、指导语、问卷主体、结束语5个部分。

2.4.1.2 问卷的分类

问卷根据问题内容的不同分为行为类、态度类、背景类;根据备选答案的不同分为开放型(Open-ended Question)、封闭型(Close-ended Question)、半封闭型(Half Open Half Close-ended Question)、混合型;根据所采用的量表不同分为总加量表(Summated Rating Scales)、李克特量表(Likert Scales)、语义差别量表(Semantic Differential);根据调查方式的不同分为在线式和离线式,自填式和代填式,邮寄和电话、网络式等。开放型问题在设计时只提供问题,而不规定答案,让用户自主作答。优点是容易设计、灵活性强、信息量大;缺点是难于统计整理和量化比较,以及拒填率较高。封闭型问题也称为限定性问题或者定选性问题,让用户填写的问题的备选答案是可供选择的或者限定的,选项明确但是对问卷设计要求较高，它的限定性容易使问卷的有效性受损。李克特量表是到目前为止最流行的一种态度等级量表，通常设有5个等距的选项，最中间是中立项[183]。

2.4.1.3 问卷的信度与效度

信度（Reliability）又称可靠性，即测量的一致性，或用这个问卷进行测量的可重复性程度，是用来评价问卷质量优劣的重要指标[184]。例如，用户在两个不同的时间或地点填写的结果越一致，则误差越小，信度也就越高。常用信度系数有稳定性系数、等值性系数和内部一致性系数。被试、主试、评价内容、施测环境等都会引起随机误差，导致态度指数不一致，从而降低问卷信度。一般来说，当信度系数 r_{xx} <0.70 时，不能用此问卷对个人或团体进行鉴别或比较；当信度系数 $0.70 \leqslant r_{xx} \leqslant 0.85$ 时，此问卷可用于对团体间进行比较；当信度系数 $r_{xx} \geqslant 0.85$ 时，此问卷可用于对个人进行鉴别[184]。

效度指的是评价的有效性，即问卷对测量对象或研究目标准确测量的程度。可以分为内容效度、构想效度和效标效度3类。效度受评价本身、实施严格性、被试状态和样本特点、效标等影响。可信的评价未必有效，而有效的评价必定可信，信度是效度的必要条件[185]。

2.4.1.4 问卷调查法的优缺点及地图学应用

问卷调查法的优点是实施方便，适用面广，不受发放时间和形式的限制，成本较低，能较快获得结论，结果容易量化，不受研究者主观影响，数据的编码、分析和解释都比较简单，可以进行大规模调查；缺点是用户不一定了解自己的真实想法，受主观态度影响较大，回收率不能保证等。问卷调查是可用性研究中获取信息的重要方式，可以用于定性或定量研究，在地图学研究中有广泛应用。

2.4.2 眼动实验法

眼睛是心灵的窗口，眼动模式能够表征人的心理变化。视觉能够获取80%~90%的外界信息。因此，眼动不仅被用于感知觉研究，还被用来研究人的高级认知过程[66]。视觉搜索是获得视觉信息行为和信息加工过程的重要手段[66, 68, 186]，眼动决定着视觉搜索的注意控制。

2.4.2.1　眼动的基本形式及与地图的相似性分析

（1）眼动的基本形式。

眼球主要有3种运动模式[67]：注视、眼跳和追随运动。

注视（Fixation）的功能是将眼球的中央凹对准对象以便看清物体。眼球抖动振幅小于1°的相对静止方式，表现为在被观察目标上至少持续100～200ms以上的停留（有人认为一般持续200～500ms[66]），只有在注视时才能通过细节获得信息并进行信息加工。长时间注视伴有漂移、震颤和不随意眼跳3种眼动方式。

眼跳（Saccade）的功能将即将注视的对象移至中央凹附近，从而实现注视点的切换，眼跳过程中视觉阈限升高，几乎不能获得任何信息。双眼在注视点间一致地飞速跳跃，进行视角为1～40°的联合移动，以快速定位具体位置。眼跳最高速度为4000～6000mm/s，持续时间为30～120ms（也有人认为是20～40ms[187]），眼跳运动的时间随距离的增大而增加。眼跳是人类身体最快速的动作，一个人每天大约发生17万次眼跳。

在头部静止的情况下，眼球为了对移动对象保持注视，就发生了追随运动（Pursuit Movement，也叫平滑尾随跟踪），追随运动的运动速度为10～300mm/s。在头部转动的情况下，为了保持注视的眼动称为补偿眼动。追随运动没有目标不能执行。

可用性测试主要考察用户的注视行为和眼跳轨迹。眼睛在面对诸如广告这一类外部视觉刺激时的注视和眼跳运动模式称为扫描路径（Scanpath）[66, 183]。

一般来说，人的眼球的视觉分为两个部分：具有极高分辨率的一小块中心区域，称为中央凹视觉，对应的是眼球的中央凹，只覆盖了约2°的视觉区域；具有较差分辨率的大部分主要视觉区域，称为周围视觉（外凹区域，也称为边缘视觉）[68, 78, 79]。它们中间还有一个副中央凹视觉。只有在中央视觉中的物体才成像清晰，物体在其他视觉区域都是模糊的（见图2.2）。

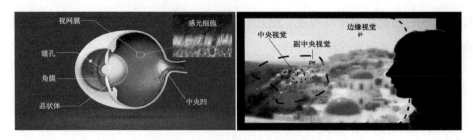

图 2.2　中央视觉与边缘视觉

资料来源：张昀. 视线跟踪技术的高级心理学实验 Matlab 建模方法和眼动数据的多维度尺度分析. Tobii 中国名师讲堂 CICEM（北京）西安交通大学，2014.

（2）眼动参数与地图的相似性分析。

地图既有时间和空间特性，又有与语言文字类似的科学性、人本性。地图既有能够引起人理性思维的语法、语义和语用特点（如红色五角星代表的实际语义是政府机构）；又有与图片类似的艺术性、形象性，以及能够引起人感性认识的构图和色彩（如符号的构图、色彩、尺寸等视觉变量）。地图既有层次性，包括地图本身的层次性（如底图图层和各种专题图层，也可按点、线、面分类）和信息的层次性（如空间信息、属性信息、多媒体信息等）；又有逻辑性（如地图符号的分类、分组，表示方法中的等值密度法、分级设色法等）。地图既有观赏性（如可以作为艺术品欣赏、阅读），又有工具性（如放缩、查询、检索等功能操作可以把地图作为工具软件使用）。因此，地图要比普通图片复杂得多，地图眼动研究不能照搬图片眼动研究的结论。它们的最大区别在于对地图眼动指标解读的歧义性。用户盯着地图上的一个位置看，很难判断他看的是该位置中哪个图层内的要素，是被该处符号或色彩等艺术性吸引，还是在思考它代表什么实际意义，或是对该处进行的功能操作遇到了困难。另外，在无具体任务时，地图的观赏性与工具性之间发生了转化，眼动指标的意义也不可同一而论，甚至可能完全相反。

眼动参数和地图在时间性、空间性、动态性、个体差异性等维度上具有相似性。眼动参数包括首次进入时间、首次注视时间、平均注视时间、总注视时间、注视次数等时间参数；还包括眼跳距离、扫视距离、注视轨迹、瞳孔变化等空间参数。地图也同时具有时间属性和空间属性，二者的契合使用户主体发出的眼动行为可以用来衡量地图客体在对应维度上的效果。每个人的生理结构和心理状态差异决定了眼动的动态性和个体差异性，因而支持丰富的可视化图形表达；而地图阅读和使用也具有类似的特点，这使个性化地图可视化的眼动研究成为可能。同时眼动实验法被证明具有客观性、即时性，并且能够为研究同时提供定性和定量的依据，使它成为个性化地图可视化表达效果与认知心理监控的不二选择。

眼动模式与人的心理变化相关联，通过实验记录并分析被试在观看图形或阅读文字的过程中眼睛观看位置和眼动形式，从而发现被试注意力和兴趣所在，进而探索被试在读图时的思维过程和认知策略。地图可视化不仅包括视觉传输，还包括视觉思维的过程。王家耀院士对制图综合中视觉的选择性思维、注视性思维、结构联想性思维和灵感思维进行了系统论述，并且提到了眼动的作用。他认为，制图综合中的视觉思维方式主要有4种：通过选择性思维主动筛选制图物体，并加快加工过程（分析和判断）；通过注视性思维把突出的、符合需要的注视对象放在中心视轴这一敏感性最高的区域；通过结构联想性思维将知识和决策贯穿起来；通过具有突发性、偶然性、独创性和模糊性特征的灵感思维，将潜意识与显意识相互交融[66]。

在地图的使用过程中，心率、血压、呼吸、脉搏容积、皮电、皮温、脑电、肌电等生理变化指标和面部表情也能指示人的认知心理变化，它们为多义的眼动指标提供交叉互证。出声思维是另一种行为，即用声音表达同步思考的内容，将心里的想法及时说出来。在地图实验中，面部表情、姿态表情的视频记录和分析结论是因人而异的，是反映被试地图操作情绪最有效、最直接的方式，实验过程回放中的出声思维包括被试的语调、表情，对实验结果的辅助分析很有必要。

2.4.2.2 眼动实验的一般流程

眼动实验的一般流程包括提出问题、明确实验目的、提出实验假设、确定变量、制作素材、选取被试、实施预实验、修改实验设计、正式实验、数据整理、数据统计分析和可视化、结果讨论、结论等[67]。

正式眼动实验的具体操作流程还包括欢迎和指导语说明、签署同意书、兴趣调查问卷、校准眼动仪、实验具体操作、测后问卷或访谈、结合出声思维的视频回放、致谢及赠送礼品等。

2.4.2.3 地图学眼动实验的设计方法

眼动实验的设计要遵循实验心理学理论和设计方法，主要有如下几类[187]。

（1）从自变量的数量上，分为单因素实验和多因素实验（Factorial Experimental Design）。多因素实验要注意对自变量之间的交互作用进行检验，双因素实验较为常用。

（2）从无关变量的控制方法上，分为完全随机设计（Completely Randomized Design）、随机区组设计（Randomized Block Design）和拉丁方设计（Latin Square Design）。

（3）从被试分配方式上，分为被试间设计（Between-Subjects Design）、被试内设计（Within-Subjects Design，也叫重复测量实验）、混合实验设计（Mixed Design）。被试间设计也叫非重复测量实验，要通过匹配和随机化解决等组问题。被试内设计即实验中每个被试都要接受所有的处理水平，是重复测量实验设计（Repeated Measure Design）的一种形式。

（4）从任务类型上，分为非控制性实验和控制性实验。非控制性实验是指既无时间限制，又无任务设置的实验类型。相反，控制性实验又可分为时间控制实验、任务控制实验等，两者的交叉组合又产生了不限时有任务、限时无任务、限时完成任务等几种方式。

在地图学领域，文献中常见的几种典型的地图学眼动实验的设计方法有单因素组内实验、多因素混合实验、重复测量的多因素实验等。近年来，出现了眼动实验法与问卷调查法、反应时实验法、出声思维法、焦点组访谈法、认知走查、启发式评估、绩效测试（含问卷），以及脑电、fMRI、皮电、皮温、肌电、EOG、EGG、行为分析、表情分析等生物信息与神经学科的实验方法在地图学中联合应用的实验设计方法，为网络地图、移动地图、虚拟环境等领域的可用性研究提供了交叉证据。

目前，最常用、最简单的眼动实验以屏幕截图为实验素材，通过对眼动数据的收集和分析获取结论,并通过可视化图形把研究结论展示出来。可视化图形主要有热点图和注视图(也叫视线轨迹图)两种类型。热点图通常用于汇总大量用户的注视行为;注视图和注视录像往往用于分析单个用户的注视行为。热点图具有鲁棒性,因此需要将多个用户的热点图进行平均。在收集定性反馈时,出声思维能深入地解释用户行为,但实时的出声思维会干扰实验数据的准确性,因此常采用回放录像出声思维的方式进行数据收集[67]。

2.4.2.4 地图学眼动指标及实验数据处理

1)眼动指标

地图学研究中常用的眼动指标主要有首次进入时间(Time to First Fixation)、首次注视时间(First Fixation Duration)、注视点的持续时间(Fixation Duration)、总注视时间(Total Fixation Duration)、注视点个数(Fixation Count)、注视次数(Visit Count)、鼠标单击次数(Mouse Click Count)、首次鼠标单击时间(Time to First Mouse Click)等。但是对眼动指标在地图学中的解译还没有统一的认识。

2)数据分析方法

眼动分析具有即时、客观、定性与定量相结合的特点[66, 67, 77-79]。眼动指标的统计需要事先指定范围,一般用 AOI 表示。为了计算眼动统计指标,先要在刺激材料中划分 AOI,然后计算与这些 AOI 相关的不同统计指标。基于眼动仪捕获的眼动数据分析途径主要有以下几种[66-68, 77-82]。

(1)直接数据法:包括眼动数据、行为数据、屏幕坐标、地理坐标等。

(2)统计图表法:包括眼动仪内置软件生成的柱形图、饼图等各种统计数据表格。

(3)可视化图形法:包括眼动仪中的视线轨迹图、散点图、热点图、灰度热点图、集簇图;对数据统计分析后生成的各种统计专题图形(如柱形图、饼图、聚类散点图等);各种曲线图、三维图、雷达图等高级可视化图形。

(4)AOI 法:为便于分析而集中关注兴趣度高的区域,是人工划分的可视化图形,是对其他可视化图形进行再加工后得到的高级可视化形式。

2.4.2.5 眼动研究的地图学作用

借用医学中的"望、闻、问、切"描述地图学中的传统实验方法与眼动实验法:"望"包括观察、视频录像、录音、日记等;"闻"包括专家访谈、电话访谈、随机拦访、焦点小组访谈等;"问"主要是指问卷调查;"切"专指眼动实验,其可为地图认知过程"把脉"。

眼动实验已经逐渐成为地图信息加工机制研究的有效手段,并发挥着越来越重要的作用。目前,眼动技术在地图阅读与交互、地图可用性研究等方面的应用,展示了它的强大生命力和在地图学领域中广阔的应用前景[106]。例如,通过观察眼动模式和视线轨迹了解用户的个性化使用需求;通过选择性实验了解用户的地图喜好及认知差异;通过设置实际任务获取地图可视化知识规则、优化地图设计;通过眼动参数分析对地图可用性进行评价,提高地图信息传输效率。

地图学中眼动研究的意义,就是通过实验获取地图可视化知识,将视觉的选择性思维和注视性思维提前,再通过大量经验知识的积累,获取设计知识来满足用户的需要,并帮助用户简化或跳过视觉筛选过程,提高地图感受力和可用性,营造良好的地图传输与交互环境,实现地图设计初步的自动化和智能化。但是,目前地图的自动化和智能化研究大多局限在功能实现和制图综合算法领域,个性化地图认知机理的眼动研究结论还十分欠缺。

2.4.3 多元统计分析法

2.4.3.1 描述性统计分析

描述性统计分析是统计分析的基础,主要用于对数据的集中趋势(如平均数)、离散趋势(如标准差、方差、全距、最大值、最小值、平均数标准误)和分布情况(如峰度及偏度)等进行描述或计算[184]。根据李克特量表的衡量方法,刻度为1~5的李克特量表得分均值1~2.4表示反对,得分均值2.5~3.4表示中立,3.5~5表示赞同[184]。均值大小代表变量的重要性,方差和标准差表示被试意见的离散程度。

2.4.3.2 因子分析

因子分析是一种对众多观测变量进行归类、简化的统计分析方法，目的是综合和抽取少数公共因子，最大程度上对原有的观测变量信息进行概括和解释，揭示事物的本质[184, 185]。有文献指出[185]，在社会科学领域，累积解释变异量达到50%~60%，因子分析结果即可接受。

因子碎石图是一种因子分析结果的可视化图形，横轴为因子序号，纵轴为公因子的特征值。曲线从因子特征值的最高点逐渐下降，曲线开始变得平缓以后的公因子特征值相对接近。

在地图学领域，袁占乐[188]用因子分析对地图信息传输过程及传输效率进行了研究；魏丽冬[189]对中学生地图学习的 5 个心理阶段进行了研究，证明了问卷因子分析方法具有一定的科学性。

2.4.3.3 方差分析

方差分析（Analysis of Variance，ANOVA）是对数据变异量的分析，将总变异量分解为由自变量引起的变异和由误差因素引起的变异。如果自变量产生的变异显著多于由误差造成的变异，就证明自变量确实对因变量产生了影响[184]。方差具有可分解性：

$$SS_t = SS_w + SS_b \quad (3-1)$$

其中，SS 表示离差平方和，SS_t 表示总变异；SS_b 表示组间变异，即由自变量引起的变异；SS_w 表示组内变异，即由误差造成的变异。组间变异与组内变异分别除以各自的自由度，得到组间方差与组内方差[184]。F 检验即获得两者的比值，通过查阅 F 值分布表得到观测概率 p。之后将 p 与先前设定的显著性水平 $α$ 进行比较，根据 p 与 $α$ 的大小关系判断观测到的数据变异是否由自变量引起。方差分析需要满足 3 个条件[184]：①总体正态分布；②数据样本间的方差齐性；③各观测值之间相互独立。

单因素方差分析是对单因素实验设计得到的数据进行的分析[184]。由于被试是随机选取并随机分配到各处理水平的，因此假定各组被试之间在统计学上无显著差异，组间变异完全由自变量引起。单因素方差分析需要先对方差分析的 3 个条件进行判别，如果满足条件则可以使用方差分析的多元统计方法；然后要计算数据总体的变异，总体的变异又分为由组内被试差异导致的组内变异和由自变量引起的组间变异；最后根据组间变异与组内变异计算 F 值进而接受或推翻虚无假设，一般 α 设为 0.05[184, 185]。

2.4.3.4 聚类分析与判别分析

聚类分析（Cluster Analysis）[184]是根据事物本身的特征，通过统计方法对事物进行分类的多元分析方法，可以通过样本聚类和变量聚类的数据建模达到简化数据的目的。其中，样本聚类根据观测对象的各种特征进行分类，目的是找出不同样本之间的共同特征，可以用距离度量；变量聚类是为了把握事物的本质特征，整合出一些彼此独立又具有代表性的指标，常用相似性系数度量。统计分析中常用的聚类方法有二阶聚类、K-均值聚类、层次聚类等。分类的原则[184, 190-193]是：类间距离要尽可能大，类内距离要尽可能小。

物以类聚，人以群分。面向地图大众用户，如何对用户进行分类？如何将合适的地图推荐给某个固定的人或某一类具有相同特征的人群？如何将新用户判定为已分好的类别？这些是地图工作者在人性化、个性化制图阶段必须要面对的问题。统计学中的聚类分析和判别分析在解决一般性归类问题和用户分类问题方面已有许多应用[189-192]。

2.5 本书的组织思路及实验方法

本书的个性化地图认知机理研究通过分析个性化地图认知因素及其权重，逐步建立了地图认知适合度量化评估模型，确定了地图与用户、环境的个性化匹配规则；通过眼动手段表征个性化地图的动态认知过程，分析了地图认知过程中自下而上与自上而下相结合的信息加工范式，以及个性化地图认知因素相互联系、相互作用的机制。为此，本书分别提出了个性化地图认知因素模型、认知适合度评估模型和眼动-认知表征模型，并通过以下步骤加以修正、量化或实现。

在认知因素分析部分设计了问卷1，通过对地图要素、用户因素和环境因素的重要性评分进行因子分析，将认知因素进行简化、归类，了解认知因素归类的用户心象，对从制图者角度提出的地图认知因素初始模型进行优化，并获取类别重要性特征值 λ，将其作为下文适合度评估的指标权重。

在认知适合度评估部分设计了问卷2，通过用户样本聚类和选择差异方差分析，由简到繁，逐步实现了重要地图要素与影响因素的认知匹配。先对单一地图要素与单一影响因素进行匹配；然后以用户聚类中心 Class1 为指定目标，对单一地图要素与复合因素、所有地图要素与复合因素的匹配度 δ 进行分析；最后在此基础上计算个性化地图适合度权重 B，对认知适合度评估模型进行量化分析。

在认知适合度评估方法验证部分设计了眼动实验1，先通过判别分析选择属于问卷2样本聚类中心 Class1 的用户，仍然采用适合度评估中的地图素材进行眼动测试；然后通过对首次进入时间、首次注视时间、首次鼠标单击时间等眼动（行为）参数进行方差分析，得出了新的地图适合度排序，与基于问卷的评估结果进行比较分析，验证了认知适合度量化评估模型的正确性和通用性；最后通过热点图对群体认知差异进行了显式表示，并通过雷达图对眼动-认知表征模型进行了说明。

在认知因素综合作用和动态认知过程监控部分设计了眼动实验2，对个性化地图的认知阶段进行了分解，并选取符号类型作为地图要素的代表。先对每个认知阶段中多种影响因素的叠加作用、地图要素与影响因素的交互作用进行了细粒度分析；然后对其中两种范式的认知差异进行了实时监控；最后对眼动实验的优越性及联合实验方法进行了比较说明。

2.6　个性化地图认知机理研究的理论框架和方法体系

由以上理论基础、实验方法、研究方法分析，得出本书研究的理论框架和方法体系，如图2.3所示。

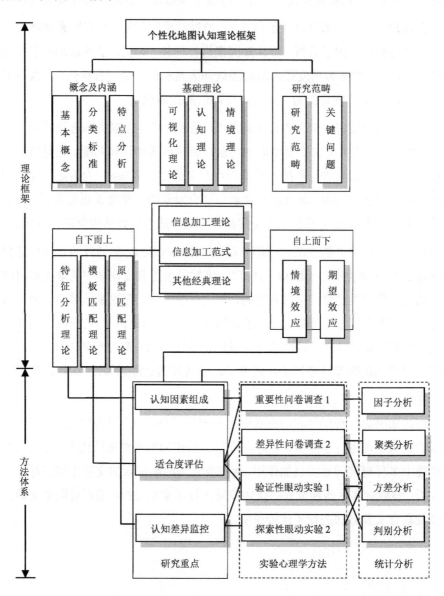

图2.3　本书研究的理论框架和方法体系

2.7 本章小结

本章先从"个性化"入手,提出了个性化地图的概念,阐述了个性化地图的概念分类、特点和个性化地图认知机理的研究对象、研究范畴和关键问题,介绍了地图学及认知心理学的相关基础理论,构建了个性化地图认知机理研究的理论框架;然后介绍了问卷调查法、眼动实验法及分析方法,确定了本书的研究思路及研究步骤,构建了全书的方法体系;最后给出了个性化地图认知机理研究的理论框架和方法体系框图,梳理了本书各章之间的逻辑关系。

第 3 章

个性化地图认知因素简化与模型构建

个性化地图的认知效果与地图要素、用户因素及环境因素都有关系。地图是由多种要素组成的复合体，影响因素也是复合体，两者的个性化匹配是一个十分复杂的问题。其中某些因素还是同时存在、不可剥离的，这也增加了研究的难度。个性化地图坚持以人为本的设计理念，因此，首先需要了解用户怎样看待以下几个问题：个性化地图认知效果的影响因素有哪些？如何分类？重要性如何？能否简化？

为了解决这些问题，本章先依据相关模式识别理论，分析了个性化地图认知因素的组成，并提出了个性化地图认知因素初始模型；然后通过问卷因子分析对个性化地图认知因素进行了归类、简化和重要性排序，并对初始模型进行了优化；最后将优化模型与初始模型进行了比较，对制图者与用户对地图要素归类的心象差异进行了理论解释。来自用户的问卷数据保证了优化模型的科学性。

3.1 地图认知因素分析相关理论

心象地图是心理图式在地图学领域的典型应用。个性化地图认知因素分析就是心象地图成分和影响因素成分的分解。理论依据主要有特征分析理论（Feature Analysis Theory，FAT）、成分识别理论（Recognition By Components Theory，RBCT）和特征整合理论（Feature Integration Theory，FIT）[181]。

1. 特征分析理论

特征分析理论[181]先将模式分解或还原成它原来各方面的特征，然后与记忆中的各种模式的特征进行比较，找到最佳的（至少是满意的）匹配。特征分析理论认为每一个特征对应一个"微型模板"，但是忽略了环境及个体知识经验的影响。

2. 成分识别理论

成分识别理论[181]是特征分析理论的进一步发展。比得曼（Biederman）吸收了特征分析理论和格式塔理论关于知觉组织的合理成分，提出任何几何图形都可以分解成简单的几何离子（Geometrical-ion），将这些几何离子及其相互关系与长时记忆中已经储存的表征进行匹配可以完成模式识别。

3. 特征整合理论

特征整合理论[181]是特雷斯曼（Treisman）在自动加工和控制加工理论的基础上提出的。她通过视觉搜索实验和错觉性结合实验，提出了模式识别的双阶段模型：第1阶段是前注意阶段，物体特征处于"自由漂移"状态，认知系统采用自动加工或平行加工的方式形成"特征地图"；第2阶段是特征整合阶段，通过控制加工或系列加工将各个特征"粘合"在一起，完成对物体的知觉。

3.2 个性化地图认知因素初始模型的建立

个性化地图认知影响因素主要包括地图要素、主观因素、客观因素等几个方面。由于地图要素既是认知研究的内容，也是认知研究的目的，因此单独列出。

3.2.1 个性化地图要素分析

我们采用文献分析法[11, 15, 21, 38, 172, 176]和专家小组讨论法对地图要素进行研究后得出：个性化地图要素由底图图层、专题图层，以及个性化地图辅助要素共同构成。

1. 底图图层和专题图层内的地图要素

底图图层和专题图层都由点状、线状、面状符号组成。电子地图图形的表达主要通过地图符号系统实现[15]，符号是最能体现地图个性化的一个方面。符号内部变量包括尺寸、形状、色彩等静态视觉变量和闪烁、旋转等动态视觉变量。符号尺寸有大小之分；符号形状有简单几何、简单象形、艺术象形等多种单一或组合样式；符号配色方案种类繁多，可通过色相、饱和度、过渡、组合等进行个性化设计。

另外，在专题地图中的各种统计图表的静态或动态表示，二维、三维或影像地图的选择，矢量与影像地图的叠加方法，图片、视频等超媒体链接的设置等，也能体现电子地图的个性化。

2. 个性化地图辅助要素

个性化地图辅助要素包括地图上的注记、图例、图名、比例尺、指北针等，还包括地图软件中除地图显示窗口之外的操作工具和界面布局等。个性化地图辅助要素也是个性化地图认知效果影响因素中不可忽略的一部分。例如，注记的字体、字号、间隔、密度等设计；图例的有无、位置、尺寸等设计；图名的字体艺术、边框、色彩等设计；放大、缩小、漫游、量算、分析、标绘等操作工具的按钮样式、色彩设计；界面风格、工具条位置、功能窗口布局等设计，都可以通过有无、样式、色彩、位置、大小等实现个性化设计。

3.2.2 其他影响因素分析

个性化地图设计中个性化的要求来源于用户千差万别的个性特点，因此个性化地图认知不仅要关注地图自身要素，还要考虑用户特征因素和使用环境因素的影响，诸多地图要素和主客观影响因素一起构成了地图认知情境。

认知语境（Cognitive Environment）是存在于人们头脑中包含心理模型和情景模型的一个内在化、认知化的心理结构体（Psychological Constrict），能够客观地反映出用户的心理状态，更好地阐释语用推理的实际过程[7]。许有志等指出情境是与事件相关的条件、背景和环境等因素，既包括相关的物理、社会、业务等外部环境和背景因素，也包括人的认知、经验、心理等内部需求因素；Schilit 等将情境分为计算情境（如网络连通性，通信带宽、打印设备、显示设备等配件）、用户情境（如用户档案、位置、周围环境、社会现状等）、物理情境（如光照、噪声水平、交通状况、温度等）；Chen 等补充了时间情境（如白天、周、月、季等）和情境历史。关于自适应地图情境，Petit 认为包括用户情境、地理情境和设备情境；Reichenbacher 认为包括地点、时间、任务、用户、环境、文化背景和系统等情境；Talhofer V.认为涉及用户特征、环境和制图目的，情境内容包括行为（任务、空间扩展、要素相关性）、技术（显示大小、传输率、交互性）、条件（位置、时间、指向、环境）、用户（教育、知识和技能、文化背景、喜好）等情境；Zipf 强调用户背景、任务、兴趣、目标、真实环境和位置等用户模型和场景模型动态因素与技术参数（如显示设备、质量、位置等）同等重要；Talhofer 等认为包括用户（文化背景、教育程度、知识水平、兴趣爱好等）、环境（地理位置、时间、方向、自然环境等）、系统（显示、传输、交互等）和内容（任务、空间、要素关联等）等情境；Nivala 等认为包括使用目的、用户特征、社会文化背景和地理位置等情境[158]。

总之，个性化地图设计受许多主观因素和客观因素的影响。主观因素包括人的视觉生理、心理因素、感受水平、传统习惯、熟练程度等；客观因素包括地图用途、使用环境、显示载体和制作技术等[172]。具体如下。

1. 主观因素

主观因素指影响地图认知的用户特征因素与用户行为因素，它们经常同时存在于用户自身，具有集成性、复合性、多维性的特点。主要包括以下 5 个方面：

（1）用户属性特征，包括年龄、性别等人口统计特征。

（2）用户气质偏好，包括兴趣爱好、色彩喜好、气质类型等。

（3）用户思维习惯，包括区域经验、地图熟悉程度等。

（4）用户短时行为，包括花费预算、用图方式、搜索方式等。

（5）用户交互操作，包括单击、收藏反馈、交互频次等。

个体间不同的年龄、能力、专长或风格会影响人们获得和加工信息的效果，导致人们获得的信息量或加工信息的程度不同，这些差异会给复杂认知任务的执行带来极大影响[180]。用户属性特征与气质偏好相对来说比较稳定。用户作为一个认知主体，不可能按照自己的性别选择一张地图，再按照年龄选择另一张地图。用户主体一旦确定，主观因素就不可分割，特别是属性特征和气质偏好，在使用地图的过程中，主观因素经常对个性化地图认知产生叠加作用。因此，主观因素是个性化地图认知中最重要、最复杂的因素。

2. 客观因素

客观因素包括地图活动发生的时空环境及地图以外的一切因素，简单说，就是在用户使用地图时除人、图之外的影响因素。与主观因素相比，客观因素具有可控性、可分性、灵活性的特点。主要包括以下 3 个方面。

（1）载体介质因素，包括显示地图的设备类型、显示窗口的大小和分辨率。例如，传统的纸质地图、计算机电子屏幕、移动设备上的小尺寸窗口[194]、定位设备上的导航地图、触摸屏上的地图、网络环境下的分布式地图、虚拟环境等。

（2）时间环境因素，如使用地图的季节、昼夜、冷暖、光线等。

（3）任务用途因素，如制订路线、了解分布、指示方位等。

多种客观因素依据使用地图的情况可能有不同的组合方式，而且组合变量的数目也不确定。

3.2.3　个性化地图认知因素初始模型

本书针对研究对象——二维电子地图，在以上分析的基础上，提出了个性化地图认知因素初始模型，如图 3.1 所示。

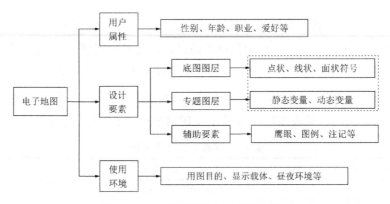

图 3.1　个性化地图认知因素初始模型

基于文献分析法和专家讨论法提出的该模型，是否能够反映出用户心中对地图要素的认知分类，以及是否具有正确性和科学性呢？本书依据该初始模型设计了地图要素重要性问卷 1，通过数据统计分析检验初始模型的可用性。

3.3　个性化地图认知因素初始模型的优化

本节设计了问卷 1，对认知因素进行了归类简化，建立了个性化地图认知因素优化模型。通过问卷 1 要解决以下 4 个问题：

（1）用户对个性化地图认知因素中的地图要素和其他影响因素重要性的评价。

（2）判断影响因素之间是否存在相关成分，是否有归类化简的必要。

（3）获取个性化地图认知因素公因子，对公因子的重要性进行分析，建立个性化地图认知因素优化模型。

（4）找出优化模型与初始模型的不同，对其中出现偏差之处进行解释。

3.3.1　问卷 1 设计与信度检验

针对地图认知因素的重要性问题，采用 1~5 分李克特量表法设计了封闭式问卷 1，对个性化地图认知因素初始模型中地图要素和其他影响因素的重要性评价进行了调查（问卷见附录 A）。问卷 1 先采用德尔菲法收集专家意见，将雷同或相近的题目去掉或合并，再由焦点组访谈法确定具体问题。在 2014 年 10 月 17 日至 11 月 5 日，通过问卷网站、微信和 QQ 等即时通信软件，以及离线电子文档等方式发放问卷，剔除重复或无效答卷，最后样本数量为 459 份。在 Microsoft Excel 中进行编码（见表 3.1），将其导入 IBM SPSS 19.0 中进行分析。

表 3.1　问卷 1 设计编码表

要素类型	要素名称	编码	变量语义	值域
地图要素	地图符号	S1~S7	大小、多少、类型、边框、阴影、点状符号色彩、面状符号色彩	1 分：不重要
	地图色彩	C1~C2	底图色彩、底图符号配色	2 分：不太重要
	辅助要素	A1~A3	图例、鹰眼、注记	3 分：一般重要
	布局工具	L1~L6	布局、功能区、放缩工具、检索框、图层控制、整体风格	4 分：比较重要
影响因素	用户属性	P1~P8	年龄、性别、教育程度、熟悉程度、职业、爱好、色彩偏好、常用地图	5 分：非常重要
	地图载体	Z1~Z3	手机地图、纸质地图、网络地图	
	时间环境	E1~E2	昼夜光线、季节变化	
	用图目的	U1~U3	指示路线、指示分布、指示方位	
注册信息	被试信息	I1~I5	性别、年龄、教育水平、个人地图熟悉程度、职业	

经过初步分析，问卷样本中男性被试 284 份、女性被试 175 份。答卷来源和构成丰富，地理分布、性别、年龄、学历层次、熟悉程度、职业、答卷时间分布较为分散，具有很强的真实性和拟合性。经检验，该测试问卷信度系数 Alpha 为 0.907，大于 0.8，信度非常好，说明本次问卷调查的数据真实可信。

3.3.2　认知因素的归类简化分析

对问卷 1 进行描述性统计分析、相关性分析和因子分析，给出了提取个性化地图认知因素公因子的过程。

3.3.2.1　描述性统计分析

根据李克特量表衡量方法，得分均值 1~2.4 表示反对，得分均值 2.5~3.4 表示中立，得分均值 3.5~5 表示赞同。本例中均值大小代表变量的重要性，方差和标准差表示被试意见的离散程度。从问卷描述性统计分析的结果可以看出：在地图要素中，除了对 L3 放缩工具、L1 布局、S5 符号阴影、L4 检索框、S4 符号边框这几项态度持中，符号尺寸、符号类型、色彩设计、地图风格等地图要素的均值大部分超过 3.5，达到了赞同的程度；在影响因素中，除了对 P6 爱好、P2 性别、E2 季节变化的评价持中，其他影响因素的均值也都超过了 3.5。说明被试认为问卷中列出的地图要素和影响因素都比较重要。方差和标准差较小，说明被试意见较为集中。

3.3.2.2 相关性分析

经判断，很多变量之间存在相关性。例如，符号大小与符号多少的相关度为 0.598，且 P 值为 0.000，小于 0.001，说明两者存在非常显著的相关关系，为了保证地图内容的清晰度，当符号较大时，符号数量必然受到限制，这与我们对地图内容的认知常识是一致的；符号边框与符号阴影的相关度为 0.440，P 值为 0.000，小于 0.001，说明符号是否具有边框设计与是否具有阴影设计互相影响；面状符号色彩与底图色彩、底图符号配色的相关度分别为 0.448 和 0.446，底图色彩与底图符号配色之间的相关度为 0.462，说明这三者之间的相同成分较多；用户属性组中的性别、年龄等变量与地图要素组中各变量之间的相关系数普遍较低，说明经验分组是正确的，分属两个大类中的变量之间关系不大。

以上分析说明，问卷 1 设计的个性化地图认知因素都比较重要，而且这些因素之间存在共同成分。因此，有必要继续对问卷 1 中设计的认知因素进行归类和简化。

3.3.2.3 因子分析

对问卷 1 进行因子分析提取公因子，简化个性化地图认知因素，并依据特征值对公因子进行重要性排序。步骤如下。

1）KMO 和 Bartlett 球形检验

为了确定问卷 1 是否适合因子分析，需要进行取样适合度 KMO 检验和变量相关性程度 Bartlett 球形检验。KMO 表示变量之间的偏相关性，本问卷的 KMO

值为 0.896（见表 3.2），根据判别标准[27]，KMO 值接近 0.9 表示非常适合进行因子分析。Bartlett 球形检验达到极其显著水平（见表 3.2），说明原变量之间有明显的结构性和相关性，因此可以进行因子分析。

表 3.2 取样适合度 KMO 检验和变量相关度 Bartlett 球形检验表

取样足够度的 Kaiser-Meyer-Olkin 度量		0.896
Bartlett 的球形度检验	近似卡方	5083.465
	df	561
	Sig.	0.000

2）方差解释率

用主成分分析法抽取因子，第 1 个因子的特征值为 8.607，方差贡献率为 25.315，表示可以解释所有变量的 25.315%，是方差贡献最大的一个主成分，前 8 个因子解释了所有变量的 56.280%，且特征值均大于 1。第 9 个因子的特征值为 0.989，略小于 1，但是加入这个因子后能够将累积方差解释率提高至 59.190%，因此将它纳入公因子，最终计算时指定公因子数为 9 个（见表 3.3）。

表 3.3 方差解释率表（部分）

成分	初始特征值			提取平方和载入			旋转平方和载入		
	合计	方差的%	累积%	合计	方差的%	累积%	合计	方差的%	累积%
1	8.607	25.315	25.315	8.607	25.315	25.315	3.480	10.235	10.235
2	2.345	6.897	32.212	2.345	6.897	32.212	2.597	7.637	17.872
3	2.078	6.113	38.325	2.078	6.113	38.325	2.461	7.239	25.111
4	1.442	4.241	42.566	1.442	4.241	42.566	2.367	6.961	32.073
5	1.283	3.772	46.339	1.283	3.772	46.339	2.297	6.755	38.828
6	1.242	3.653	49.991	1.242	3.653	49.991	1.902	5.594	44.422
7	1.087	3.197	53.188	1.087	3.197	53.188	1.857	5.462	49.884
8	1.051	3.092	56.280	1.051	3.092	56.280	1.622	4.770	54.655
9	0.989	2.910	59.190	0.989	2.910	59.190	1.542	4.535	59.190
10	0.895	2.632	61.822						
11	0.870	2.557	64.379						
12	0.839	2.467	66.847						
……									

3）碎石图

从本例的问卷因子分析碎石图中可以看出，从第 10 个因子开始因子解曲线开始变得比较平缓（见图 3.2）。因此该碎石图的拐点是第 9 个因子，提取 9 个因子比较合适，与上面方差解释表中得出的结果一致。

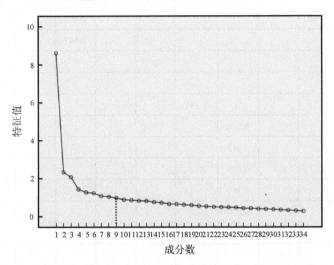

图 3.2 问卷因子分析碎石图

4）因子载荷矩阵

对因子载荷矩阵采用最大方差法进行因子旋转，使因子载荷向高低两极分化。通过旋转后的因子载荷矩阵可以明晰各变量的因子归属（见表 3.4）。本例旋转后的因子载荷矩阵由主成分方法提取，进行 Kaiser 标准化的正交旋转法 14 次迭代后收敛。

表 3.4 旋转成分矩阵表

变量	成分								
	1	2	3	4	5	6	7	8	9
S1 符号大小							0.813		
S2 符号多少							0.782		
S3 符号类型			0.420						
S4 符号边框			0.620						
S5 符号阴影			0.521						

续表

变量	成分								
	1	2	3	4	5	6	7	8	9
S6 点状符号色彩			0.570						
S7 面状符号色彩						0.429			
C1 底图色彩						0.452			
C2 底图符号配色						0.547			
A1 图例								0.491	
A2 鹰眼								0.651	
A3 注记				0.681					
L1 布局		0.570							
L2 功能区		0.515							
L3 放缩工具		0.709							
L4 检索框		0.761							
L5 图层控制		0.500							
L6 整体风格						0.598			
P1 年龄影响	0.647								
P2 性别影响	0.590								
P3 教育程度影响	0.736								
P4 熟悉程度影响	0.678								
P5 职业影响	0.744								
P6 爱好影响	0.528								
P7 色彩偏好影响	0.527								
P8 常用地图影响					0.518				
Z1 手机地图					0.581				
Z2 纸质地图					0.680				
Z3 网络地图					0.633				
E1 昼夜光线									0.663
E2 季节变化									0.591
U1 路线规划				0.779					
U2 路口导航				0.777					
U3 概况预览				0.736					

前 3 个公因子的载荷图如图 3.3 所示。

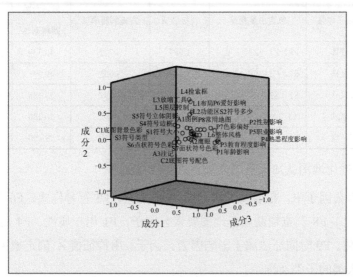

图 3.3　前 3 个公因子的载荷图

3.3.3　个性化地图认知因素优化模型的构建

对公因子进行命名、分析，并依据特征值对其重要性进行排序，通过对公因子进一步分类、简化，提出了个性化地图认知因素优化模型。

3.3.3.1　公因子命名及重要性分析

分析每个公因子所包含的主要变量，对这些特征因子大致进行命名、分类，并获取特征值（记为 λ，下同），如表 3.5 所示。

表 3.5　公因子包含主要变量及系数表

序号	公因子命名	包含主要变量	特征值 λ	方差解释率%	累计方差解释率%	归属排序
F1	用户属性	P1～P7	8.607	25.315	25.315	影响因素 1
F2	布局工具	L1～L5	2.345	6.897	32.212	地图要素 1
F3	符号样式	S3～S6、A3	2.078	6.113	38.325	地图要素 2
F4	用图目的	U1～U3	1.442	4.241	42.566	影响因素 2

续表

序号	公因子命名	包含主要变量	特征值 λ	方差解释率%	累计方差解释率%	归属排序
F5	显示载体	P8、Z1～Z3	1.283	3.772	46.339	影响因素3
F6	色彩风格	S7、C1、C2、L6	1.242	3.653	49.991	地图要素3
F7	符号尺寸	S1、S2	1.087	3.197	53.188	地图要素4
F8	浏览辅助	A1、A2	1.051	3.092	56.280	地图要素5
F9	时间环境	E1、E2	0.989	2.910	59.190	影响因素4

1) 个性化地图认知因素的分类及重要性排序

在所有公因子中，很容易看出：F2布局工具、F3符号样式、F6色彩风格、F7符号尺寸、F8浏览辅助属于地图要素公因子；F1用户属性、F4用图目的、F5显示载体、F9时间环境属于影响因素公因子。由特征值 λ 确定地图要素、影响因素两大类的子类及排序。

在地图要素中，F2布局工具>F3符号样式>F6色彩风格>F7符号尺寸>F8浏览辅助。视觉认知有从整体布局到局部细节的顺序规律，符号样式是体现地图内容和设计最主要的元素[11, 21, 38, 172, 176]；色彩风格能够体现地图的感情色彩；符号尺寸是从地图清晰度的角度考虑的；浏览辅助的重要性相对较差。

在影响因素中，F1用户属性>F4用图目的>F5显示载体>F9时间环境。用户是使用地图的主体，个性化地图制作的目的就是满足用户的需求，因此，用户属性是影响因素中最重要也是最特殊的一类；地图内容的选取，以及风格设计等都要依从用图目的的需要；地图要素的综合程度和所采用的表达方式都需要考虑地图显示载体的特点，如手机地图就要以清晰为主，不宜出现符号重叠或效果过繁的设计；时间、季节、光线等因素也会影响地图的阅读和使用，但是重要性相对较差。

2) 个性化地图认知影响因素研究的必要性

根据用户提交的答卷进行因子分析，结果不但包含地图要素公因子，也包含若干影响因素公因子，而且它们的相关性普遍较低，影响因素公因子独立于地图要素，且内部分类明显，这说明个性化地图认知必须要同时考虑地图要素和影响因素。主客观影响因素是个性化地图认知因素中不可缺少的一部分，作为本书研究内容的一部分是必要且重要的。

3.3.3.2 个性化地图认知因素优化模型

对因子分析中的 9 个公因子进一步分类,得出个性化地图认知因素优化模型,如图 3.4 所示。

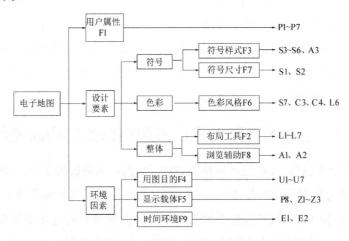

图 3.4 个性化地图认知因素优化模型

3.4 优化模型与初始模型的比较分析

由于问卷 1 中的问题代表的变量是依据初始模型设计的,而优化模型是通过对用户填写的问卷进行分析后得出的,因此优化模型更符合用户对个性化地图的认知。对地图认知的 9 个公因子及所包含变量的归属情况进行分析,并与初始模型进行比较,结果大部分一致,但也有以下几处发生了变化。

3.4.1 用户与制图者对地图注记归类的心象差异

根据传统地图学进行分类,A3 注记常与 A2 鹰眼、A1 图例等一同作为地图辅助要素处理,但在因子分析中,它以较高负荷跟符号相关题目归为一类,而不是归入 F8 浏览辅助中。说明在用户认知模型中,注记显然被理解成了符号的一种类型,而不是地图整饰辅助要素。而制图人员习惯从设计流程上把注记放在符号设计之后[195]，也有少数地图学家支持把注记划分到符号中。优化模型中的注记分类可以由格式塔心理学的接近性、相似性、连续性、封闭性、对称性原理解释[182]。注记文字之间的距离相对较近，且地物说明性注记与图形符号距离较近，这使它们很容易被当作与符号是同类的或单独被当作一类符号。由于视觉倾向于感知连续的、整体的形式，而不是离散的碎片，因此注记之间的空白不会影响一个注记词组被整体感知。由于人倾向于通过分解复杂的场景降低视觉维度，因此注记的字体、字色、字号、排列等被认为是该类符号内部的设计元素，相当于图形符号的构图、色彩、大小、密度等。

3.4.2 用户与制图者对地图色彩风格归类的心象差异

S7 面状符号色彩、L6 整体风格包含在 F6 色彩风格公因子中，而不是分别包含在 F3 符号样式和 F2 布局工具中，这与初始模型及传统地图设计的分类都不同。说明地图中的面状符号色彩并没有被当作面状符号的内部变量理解，而是与底图色彩一样被理解为地图背景色彩，进而与整体风格等一起归入色彩风格。说明用户心中的地图并没有点状、线状、面状符号之分，甚至也没有专题图层、底图图层的概念，大多数非专业用户还是将地图当作普通图片识别，并将其分解为图形（主要是点状、线状符号及面状符号的轮廓）、色彩、整体等成分。分解方式随地图熟悉程度的不同而有所差异。人类从外界获取的信息中，约有87%是通过视觉得到的。色彩是一种可以激发情感、刺激感官、快速传递信息的元素，在进入眼球的瞬间即可在人的头脑中形成一种印象[196]。而且色彩拥有比语言更为迅捷的沟通能力[197]。因此，面状符号的色彩比它的轮廓形状及填充图形更容易被用户感知。同时，由于面状符号在地图中所占比例较大，因此背景色彩的视觉冲击力也更大。另外，地图整体风格也主要体现在色彩设计上，因此 L6 整体风格也归入 F6 色彩风格公因子中。

另外，问卷题目中关于用户常用地图网站的问题，其设计目的是测试用户使用地图样式的习惯是否会影响用户对地图的选择。但是在回答问卷时，大多数用户把它理解成对地图显示载体的询问，导致 P8 常用地图影响归入了公因子 F5 显示载体一类中。这说明问卷设计问题还不够明确，有待改进和提高。

3.5 本章小结

本章基于特征分析理论,在地图要素和影响因素分析的基础上,提出了个性化地图认知因素初始模型;设计了认知因素重要性问卷1,通过描述性统计分析和相关分析肯定了对认知因素归类、简化的必要性,并通过因子分析将认知因素归入几个地图要素公因子与影响因素公因子中,达到了简化认知因素的目的;通过对公因子进行命名、分类和重要性排序,建立了个性化地图认知因素优化模型;将优化模型与初始模型进行比较分析,了解了用户与制图者对个性化地图认知因素的理解差异。

第 4 章

个性化地图认知适合度的评估方法研究

本章是全书的重点之一，解决了个性化地图要素受哪些因素显著影响、如何与特定目标进行匹配，以及个性化地图认知适合度如何评估等问题。为此，根据模式识别理论，采用问卷分析方法，按照由定性到定量、由简到繁的递进思路进行研究。先针对假设问题建立定性评估模型，通过用户聚类指定聚类中心匹配目标；然后对问卷中的地图要素选择结果进行方差分析，研究地图要素模板对个性化影响因素的匹配度，获取指标权重和目标权重；最后通过线性加权法对评估模型进行量化。

4.1 地图认知效果评估相关理论

知觉研究的一个中心课题就是模式识别。对当前对象的识别是一个包括将刺激信息与头脑中已经存储、积累的刺激模式进行比较和判断的复杂过程[181]。个性化地图认知的核心是地图成分及地图整体与用户特征及环境特征的匹配，匹配结果对个性化的体现程度就是个性化地图认知的适合度。模板匹配理论和原型匹配理论[181]支持了个性化地图要素由简到繁的研究思路。

4.1.1 模板匹配理论

模板匹配理论的基本观点[181]是：在个体的头脑中存在着许多与不同事物对应的模板，当个体面对一个未知的刺激模式时，他就对这个刺激模式进行"标准化"，然后与头脑中的模板一一比较，找出匹配程度最高的那个模板，从而完成模式识别。如果找不到合适的模板，就通过学习建立起表征这种新模式的模板，以便在以后的模式识别时使用。模板匹配将刺激与头脑中先前存储的海量模板进行比较，并选出一种最合适的模板。它的理论意义是确认了在人脑中存在与各种刺激模式相对应的表征。

4.1.2 原型匹配理论

原型匹配[181]是将刺激与已经存储的表征进行匹配，而不必完全匹配整个模式，允许输入信息与原型之间存在差异，具有一定的灵活性。在知觉心理学中，原型指的是具有一种标准模式的刺激，其他还有很多刺激和原型之间存在不同程度的偏离。认知心理学家认为，原型就是对事物形象产生的一种简约的心理特征。当个体面对一个特定的事物时，就相当于看到了它的原型加上一定的偏离。因此，只要将感受到的事物与原型进行匹配就能够完成模式识别，原型匹配不需要像模板匹配那样精确地一一对应，从而降低了记忆的负担，也为刺激的变式留下了广阔的空间，这也解释了为什么人的模式识别比计算机更优越。

4.2 个性化地图认知适合度评估模型的建立

由于个性化地图的认知效果同时与多种地图要素、多种影响因素有关，因此个性化地图适合度的评估难度很大。先由个性化地图认知因素优化模型，找到个性化地图要素中最主要的成分符号类型、底图色彩和符号尺寸；再根据模板匹配理论，研究它们的不同设计水平与各种影响因素的准确匹配关系；最后根据原型匹配理论，以它们交叉组合形成的个性化地图原型为素材，探析一般性的个性化地图适合度评估方法，从而达到简化个性化地图认知因素、探索评估方法的目的。

4.2.1 假设问题的提出

假设有若干张个性化地图，如何确定它们中的哪一张是最适合某种情景下的某类用户的"3R"或"多 R"地图呢？为此，从武汉市 1∶500 000 大比例尺地图上截取了几块不同的制图区域，分别以立体阴影式、传统几何式、边框背景式和真形卡通式 4 种符号类型（见图 4.1）；白、绿、红色系的 3 种地图底色；中等、较小 2 种符号尺寸进行了交叉组合设计。其他地图要素一致，地物位置和内容略有更改，制作成 4 张实验地图 M1、M2、M3、M4，来探讨个性化地图认知适合度问题。

图 4.1 适合度评估假设问题中的 4 种符号类型

4.2.2 评估模型的构建

上述问题可以抽象为一个运筹分析评估问题，即以"最适合的个性化地图"为评估目标，在符号类型、底图色彩、符号尺寸 3 个指标准则下，对 4 张地图原型进行评估。建立了如图 4.2 所示的个性化地图认知适合度评估的层次结构模型：

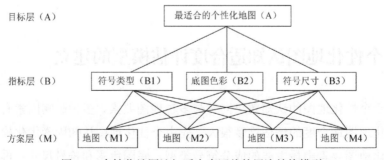

图 4.2 个性化地图认知适合度评估的层次结构模型

该评估模型只是在理论分析的基础上提出的定性模型。下面对问卷样本进行分类，并选择其中一类作为方案的个性化匹配对象，通过统计分析确定各级权重，对评估模型进行量化。

4.3 权重的获取及评估模型的量化

本节设计了问卷2，以同时具有多种复合影响因素的用户匹配为例，对认知适合度评估模型进行了定量研究。通过对问卷2的分析要解决以下3个问题：

（1）对给定的用户样本进行聚类，指定待匹配的聚类中心。

（2）地图方案对评估指标的权重计算，包括如何计算单一地图要素模板与单一影响因素的匹配度；如何简化聚类中心中包含的复合因素；如何对单一地图要素与简化后的指定聚类中心进行匹配。

（3）在此基础上计算多要素叠加而成的地图原型方案对目标的总权重。以问卷2中设计的地图要素对该问卷中某类用户的匹配关系为基础，得出地图要素指标权重，再将其推广到评估模型中从而得出一般性的认知适合度结论。下一章将从问卷2样本之外选择被试进行眼动实验，对该结论的正确性和通用性进行验证。

4.3.1 问卷2设计与信度检验

本部分介绍问卷2的设计、编码、发放情况，对问卷答案选项中素材的筛选方法进行说明，并对问卷的信度进行检验。

4.3.1.1 问卷2设计、编码及发放

针对地图要素认知差异与影响因素的关系问题，本书在问卷1的基础上设计了混合式问卷2，对不同用户对地图要素认知和选择的差异性进行调查研究，并对用户信息进行注册。题目为半开放式单选题，答案中的每个选项代表一种要素设计类型，并附以图片说明（问卷见附录C）。符号类型和底图色彩的值域与

假设问题中实验地图的要素类型基本一致。问卷 2 中的主要问题在于优化模型中归属的公因子及各个水平，问卷 2 设计编码表如表 4.1 所示。

表 4.1 问卷 2 设计编码表

特征类	特征公因子	题项	变量语义	变量值域
色彩 C	F6 色彩风格	C1	整体风格	1—清新淡雅型；2—活泼热烈型；3—卡通可爱型；4—复古写意型；5—深沉稳重型
		C2	底图色彩	1—白；2—绿；3—灰；4—红；5—其他
		C3	面域色彩	1—暗；2—较暗；3—中等；4—较亮；5—亮
符号 S	F3 符号样式	S1	符号类型	1—传统几何式；2—立体阴影式；3—边框背景式；4—真形卡通式；5—其他
		S2	注记字体	1—宋体；2—隶书；3—黑体；4—楷体；5—姚体
	F7 符号尺寸	S3	符号尺寸	1—小；2—较小；3—中等；4—较大；5—大
整体 L	F8 浏览辅助	L1	鹰眼位置	1—左上角；2—左下角；3—右上角；4—右下角；5—随意拖动
	F2 布局工具	L2	布局类型	1—同字型；2—可字型；3—亘字型；4—反可型；5—匡字型
		L3	工具样式	1—组合式；2—标注式；3—传统式；4—滑尺式；5—量尺式
用户 P	F1 用户属性	P1	性别	1—男；2—女
		P2	年龄	1—19 岁（含）以下；2—20~29 岁；3—30~39 岁；4—40~49 岁；5—50 岁（含）以上
		P3	职业	1—教育工作者；2—公务员；3—工人；4—商人；5—学生；6—军人；7—其他
		P4	教育水平	1—高中及以下；2—大学本科；3—硕士；4—博士
		P5	地图熟悉程度	1—地图专家；2—经常使用；3—一般熟悉；4—偶尔使用；5—新手
		P6	色彩偏好	1—白；2—绿；3—灰；4—红；5—黄
		P7	兴趣爱好	1—体育；2—音乐；3—史地；4—美术；5—其他
		P8	常用地图网站	1—高德地图；2—谷歌地图；3—百度地图；4—搜狗地图；5—其他（图吧、雅虎、搜搜、丁丁网、51 地图、E 都市、都市圈、MAPABC、天地图、MapQuest 等）

第 4 章 个性化地图认知适合度的评估方法研究

在 2014 年 12 月 5 日至 12 月 12 日，通过各种方式发放问卷，总共回收答卷 346 份，剔除部分重复或无效答卷，最后答卷样本为 327 份。将 327 份答卷样本数据录入 Microsoft Excel 进行编码，然后导入 IBM SPSS 19.0 中进行数据分析。答卷来源和构成丰富，地理分布、性别、年龄、学历层次、熟悉程度、职业、答卷时间分布较为分散，能够反映出大多数用户对地图可视化要素的个性化认知差异。

4.3.1.2 问卷题目素材的选择

问卷中的符号类型、整体风格等地图要素水平的筛选，参考了韩用顺、徐琳、邓毅博等提出的符号认知辨别实验、符号认知排序实验和符号成图评价实验等方法[157]。具体做法为：先基于混淆性语义辨别和名称匹配对识别率低于 50% 的地图要素进行修改；然后通过认知排序再次对地图要素进行改进和分类，形成地图要素的不同水平（或类别）雏形；最后根据成图效果进行主观评价并征求修改建议，酌情完善后形成了最终问卷需要的几种水平。评价标准参考了相关文献。例如，符号类型成图效果主观评价标准采用 Gittins 在 1986 年提出的"可以联想的"、"可以识别的"、"意义明确的"、"设计简洁的"、"引人注目的"和"具有象征意义的" 6 个评估因素[157]。例如，依据"可以辨识的"、"设计简洁的"和"意义明确的"标准，将卡通符号中的公园符号由图 4.3 中的公园（a）、公园（b）改成公园（c）。公园（a）的设计在地图中的辨识度不高、设计不够简洁；公园（b）的设计语义指示不清，容易被误解成游乐场符号，其他筛选和分析方法雷同（见图 4.3）。

公园（a）　　公园（b）　　公园（c）

图 4.3　问卷 2 中符号筛选过程实例

4.3.1.3 问卷信度分析

经分析，该测试的信度系数 Alpha 为 0.812（见表 4.2），大于 0.7，但是小于 0.85，说明本次问卷调查的数据可以用于在用户个性化分类团体间进行比较，但不可用于对被试个人的评价。

表 4.2　问卷 2 可靠性统计表

信度系数 Alpha	项数
0.812	21

4.3.2　用户分类及匹配目标的选择

本部分对问卷样本进行用户聚类分析，并指定评估模型中个性化地图匹配的聚类中心。

4.3.2.1　问卷用户聚类分析

由于个性化用户类别分析没有直接的经验可以参考，因此本节先采用二阶聚类方法大致推测问卷 2 的用户类别数量和聚类质量；然后采用层次聚类法的冰柱图和树形图来确定类别数量；最后采用 K-均值聚类方法按照层次聚类结果指定的类别数量，确定每个用户聚类中心的准确坐标和聚类样本个体的类别归属。

1）二阶聚类初步分析

通过构建和修改聚类特征树（Cluster Features Tree，CFT），对样本进行初步分类和第二步聚类。本例参与聚类的变量为 7 个用户属性，最终类别为 4 类。聚类质量良好。

2）层次聚类确定类别数量

在层次聚类过程中，系统将所有观测指标纳入计算过程，根据代表样本之间距离的近似矩阵，生成聚类状态表，直观显示聚类分析过程中各阶段所聚合的变量。样本之间通过组间连接法聚成的各类之间的关系可以用冰柱图和树形图直观反映出来。样本大致聚为 3~4 类比较合适，为精确的 K-均值聚类提供了参考依据。

3）K-均值准确用户聚类分析

K-均值聚类是一种快速样本聚类方法，在已知聚类个数的情况下，特别适合用于对大样本数据进行分析，具有可计算量大、对系统要求低、占用内存少、处理速度快等优点。

（1）聚类过程及迭代计算。

根据层次聚类中确定的类别数量，指定了4个初始聚类中心点（见表4.3）。

表4.3 初始聚类中心表

用户属性	聚类			
	1	2	3	4
性别	2	1	2	1
年龄	5	1	1	5
职业	7	2	7	1
教育水平	3	2	3	4
地图熟悉程度	3	3	3	2
色彩偏好	1	1	5	5
兴趣爱好	5	5	2	3
常用地图网站	5	1	5	5

经过12次迭代，前3次聚类中心位置变化较大，最后一次几乎没有变化，迭代完成（见表4.4）。

表4.4 K-均值聚类迭代过程历史记录表

迭代	聚类中心内的更改			
	1	2	3	4
1	3.775	3.219	3.670	3.240
2	0.686	0.486	0.283	0.058
3	0.393	0.165	0.299	0.082
4	0.314	0.319	0.352	0.202
5	0.297	0.057	0.392	0.252
6	0.110	0.000	0.232	0.411
7	0.070	0.061	0.183	0.504
8	0.049	0.312	0.160	0.575
9	0.039	0.219	0.075	0.137
10	0.026	0.044	0.019	0.044
11	0.042	0.000	0.030	0.000
12	0.000	0.000	0.000	0.000

计算各样本成员所属的类别及与其聚类中心点之间的距离，根据距离最近原

则进行分类，重复迭代直至收敛。当迭代完成时，最终各类中的成员信息如表4.5所示。可以看出，样本1属于第3类，与第3类聚类中心的距离为2.797；样本6属于第4类，与第4类聚类中心的距离为3.282；样本327属于第3类，与第3类聚类中心的距离为2.816。

表4.5 K-均值聚类成员与聚类中心点距离表（部分）

案例号	聚类	距离
1	3	2.797
2	2	2.378
3	3	0.698
4	2	3.033
5	3	2.122
6	4	3.282
7	3	2.260
…	…	…
327	3	2.816

（2）用户聚类中心模型。

最终的聚类中心坐标（见表4.6）与初始聚类中心坐标相比，其坐标位置发生了很大变化。说明在聚类迭代的过程中，对中心坐标进行了大幅调整。

表4.6 K-均值聚类中的最终聚类中心表

用户属性	聚类			
	1	2	3	4
性别	2	1	1	2
年龄	3	2	4	4
职业	7	2	4	1
教育水平	3	2	2	3
地图熟悉程度	2	3	3	2
色彩偏好	4	3	4	4
兴趣爱好	3	3	2	3
常用地图网站	3	2	3	3

每个聚类中的案例数分别为90、57、126、54，无缺失案例（见表4.7）。

表 4.7 每个聚类中的案例数

聚类	1	90.000
	2	57.000
	3	126.000
	4	54.000
有效		327.000
缺失		0.000

（3）分类有效性及样本归属。

通过各聚类中心间的距离和方差分析对该指定分类的有效性进行检验。

聚类中心之间距离最远的是第 1 类和第 4 类，距离为 5.476；第 1 类和第 3 类之间距离比较近，为 2.771；第 2 类和第 4 类之间距离比较近，为 2.961（见表 4.8）。

表 4.8 最终聚类中心间的距离

聚类	1	2	3	4
1		4.397	2.771	5.476
2	4.397		3.383	2.961
3	2.771	3.383		3.474
4	5.476	2.961	3.474	

由聚类有效性 ANOVA 方差分析表（见表 4.9）可知，在不同类别中大部分样本数据差异显著，说明将答卷样本分为 4 类是合理、有效的，大部分样本数据差异显著。

表 4.9 聚类有效性 ANOVA 方差分析表

用户属性	聚类		误差		F	Sig.
	均方	df	均方	df		
性别	0.832	3	0.241	323	3.453	0.017
年龄	37.411	3	1.035	323	36.141	0.000
职业	383.158	3	0.607	323	631.019	0.000
教育水平	1.779	3	0.488	323	3.646	0.013
地图熟悉程度	3.999	3	0.753	323	5.309	0.001
色彩偏好	29.046	3	0.816	323	35.615	0.000
兴趣爱好	34.408	3	0.690	323	49.843	0.000
常用地图网站	42.772	3	1.146	323	37.337	0.000

4.3.2.2 待匹配聚类中心的选择

1）聚类中心的数值描述

由问卷2的最终聚类中心表可知，答卷样本的4个聚类中心分别为：

Class 1={性别2，年龄3，职业7，教育水平3，地图熟悉程度2，色彩偏好4，兴趣爱好3，常用地图网站3}，总计90人归入此类；

Class 2={性别1，年龄2，职业2，教育水平2，地图熟悉程度3，色彩偏好3，兴趣爱好3，常用地图类型2}，总计57人归入此类；

Class 3={性别1，年龄4，职业4，教育水平2，地图熟悉程度3，色彩偏好4，兴趣爱好2，常用地图类型3}，总计126人归入此类；

Class 4={性别2，年龄4，职业1，教育水平3，地图熟悉程度2，色彩偏好4，兴趣爱好3，常用地图类型3}，总计54人归入此类。

2）聚类中心的语义描述

由问卷2编码查得，4个聚类中心的语义描述为：

Class 1={女，30～39岁，其他职业，硕士，经常使用地图，偏好红色，爱好史地，常用百度地图}；

Class 2={男，20～29岁，公务员，大学本科，一般熟悉地图，偏好灰色，爱好史地，常用谷歌地图}；

Class 3={男，40～49岁，商人，大学本科，一般熟悉地图，偏好红色，爱好音乐，常用百度地图}；

Class 4={女，40～49岁，教育工作者，硕士，经常使用地图，偏好红色，爱好史地，常用百度地图}。

3）地图认知适合度评估匹配目标的选择

指定个性化地图M1、M2、M3、M4的影响因素为Class 1={女，30～39岁，其他职业，硕士，经常使用地图，偏好红色，爱好史地，常用百度地图}，也就是将Class 1作为4张个性化地图的匹配对象，研究地图要素模板的匹配度、地图原型的认知适合度，以及最后的评估结果，对个性化地图认知适合度评估模型进行量化。

4.3.3 个性化地图方案对指标的权重计算

个性化地图方案对指标的权重计算思路如下。

（1）进行方差分析，找出所有对地图要素认知有显著影响的因素。

（2）针对每个地图要素指标，将聚类中心 Class 1 中影响不显著的变量去除，降维化简为 Class 1*。

（3）将地图要素模板与复合影响因素集合 Class 1* 进行匹配，具体做法是：先找出单一地图要素与 Class 1* 中所有影响显著因素一对一的匹配关系；然后按照模板类型出现的次数计算单一地图要素对 Class 1* 的一对多匹配度 δ；最后按照匹配度 δ 值由大到小的顺序确定地图要素模板类型对 Class 1* 即 Class 1 的推荐顺序。

（4）对匹配度 δ 进行归一化处理，作为地图原型方案对指标的权重。

4.3.3.1 地图要素的认知影响显著因素分析

1）单一地图要素的认知影响显著因素分析

由于个性化地图可视化中的要素繁多，匹配关系复杂，因此以地图要素中的符号类型为因变量，以年龄为自变量进行单因素方差分析，说明单一地图要素的认知影响显著因素的分析方法。

（1）方差齐性检验。

由于 327 个被试属于大样本容量，可以默认为近似正态分布，且样本满足相互独立条件，因此只需要对方差齐性进行检验，由于 $P=0.563>0.05$，满足方差齐性，因此可以对其显著性进行单因素方差分析（α 设为 0.05）。

（2）方差分析。

单因素方差分析的结果为 $F(4, 322)=3.955$，$P=0.004<0.05$ 有显著影响（见表 4.10），因此，地图符号类型在年龄的 5 个水平上差异显著，说明不同年龄的

用户对符号类型的认知和选择存在差异。

表 4.10 方差分析结果表

分组	平方和	df	均方	F	显著性
组间	12.562	4	3.141	3.955	0.004
组内	255.683	322	0.794		
总数	268.245	326			

2）地图要素的认知影响显著因素汇总

同理，对所有地图要素与影响因素进行方差分析和交叉匹配，可以得出所有具有显著差异关系的地图要素与影响因素的匹配关系。由于问卷 2 中的地图要素因变量有 12 个，影响因素自变量有 8 个，匹配结果太过繁多，因此只列出经检验满足方差齐性，且方差分析结果为显著的数据（见附录 D）。对得到的 ANOVA 分析结果加以整理，可以得出地图要素在不同影响显著因素变量分组之间存在显著差异的汇总结果（见表 4.11）。

表 4.11 地图要素的认知差异影响显著因素汇总表

	整体风格	底图色彩	面域色彩	符号类型	注记字体	符号尺寸	鹰眼位置	布局类型	工具样式
性别								0.038	
年龄	0.000	0.000	0.000	0.004	0.007	0.000			0.000
职业							0.018		
教育水平	0.027	0.022		0.037	0.043			0.011	
地图熟悉程度	0.024		0.005	0.008		0.050	0.031		0.005
色彩偏好	0.000	0.000	0.000			0.000			0.000
兴趣爱好									0.003
常用地图网站			0.008						

注：表中数据为方差分析 P 值

4.3.3.2 聚类中心复合影响因素降维化简

此处仍然以地图要素中的符号类型为例，说明聚类中心 Class 1 的简化方法。

由表 4.11 查得，符号类型在年龄、教育水平、地图熟悉程度和色彩偏好 4 个自变量的各个水平上差异显著。因此，对Class 1个性化匹配的影响因素简化为以上4个。

根据用户聚类分析的结果：

Class 1={性别2，年龄3，职业7，教育水平3，地图熟悉程度2，色彩偏好4，兴趣爱好3，常用地图网站3}。

去除对符号类型差异不显著的因素，将Class 1简化为：

Class 1*={年龄3，教育水平3，地图熟悉程度2，色彩偏好4}

　　　={30～39岁，硕士，经常使用地图，偏好红色}

4.3.3.3　单一地图要素对复合因素的匹配

1）单一地图要素对单一影响因素的匹配

由交叉分析可知，各年龄段适合的符号类型表如表4.12所示。

表4.12　各年龄段适合的符号类型表

年龄	符号类型
19岁（含）以下	4—真形卡通式
20～29岁	1—传统几何式
30～39岁	3—边框背景式
40～49岁	2—立体阴影式
50岁（含）以上	1—传统几何式

由表4.12查得，符号类型对Class 1*中特定的年龄3的匹配结果为边框背景式。

2）单一地图要素对特定复合影响因素的匹配

由交叉分析结果可知，Class 1*中单一因素匹配的符号类型如表4.13所示。

表4.13　Class1*中单一因素匹配的符号类型

影响因素	指定水平	适合的符号类型
P2 年龄	30～39岁	3—边框背景式
P4 教育水平	硕士	3—边框背景式
P5 地图熟悉程度	经常使用	1—传统几何式
P6 色彩偏好	红	4—真形卡通式

3）单一要素各种类型模板的匹配度δ计算及排序

按照匹配结果中符号类型出现的次数，计算各种符号类型对 Class 1* 的匹配度δ，结果为：δ边框背景式=2，δ真形卡通式=δ传统几何式=1，δ立体阴影式=0。

因此，符号类型对 Class 1*（也就是 Class 1）的匹配排序为：

边框背景式>真形卡通式=传统几何式>立体阴影式

同理可得所有地图要素与 Class 1 的匹配结果，如表 4.14 所示。

表 4.14 所有地图要素与 Class 1 的匹配结果表

地图要素	要素水平	匹配度值	显著影响因素
整体风格	清新淡雅型	$\delta=2$	年龄、地图熟悉程度、教育水平、色彩偏好
	活泼热烈型	$\delta=1$	
	卡通可爱型	$\delta=1$	
底图色彩	红	$\delta=2$	年龄、教育水平、色彩偏好
	白	$\delta=1$	
面域色彩	中等	$\delta=3$	年龄、色彩偏好、地图熟悉程度、常用地图网站
	较亮	$\delta=1$	
符号类型	边框背景式	$\delta=2$	年龄、教育水平、地图熟悉程度、色彩偏好
	传统几何式	$\delta=1$	
	真形卡通式	$\delta=1$	
注记字体	宋体	$\delta=2$	年龄、教育水平
符号尺寸	中等	$\delta=2$	年龄、色彩偏好、地图熟悉程度
	较小	$\delta=1$	
鹰眼位置	右上角	$\delta=1$	职业、地图熟悉程度
	随意拖动	$\delta=1$	
布局类型	反可型	$\delta=1$	性别、教育水平
	亘字型	$\delta=1$	
工具样式	组合式	$\delta=2$	年龄、色彩偏好、地图熟悉程度、兴趣爱好
	标注式	$\delta=1$	
	滑尺式	$\delta=1$	

注：匹配度为 0 的地图要素没有列出。

由表 4.14 可知。

各种底图色彩对 Class 1 的匹配度为：δ 红=2，δ 白=1，其他为 0。因此，底图色彩对 Class 1 的匹配顺序为：红>白>其他；

各种符号尺寸对 Class 1 的匹配度为：δ 中等=2，δ 较小=1，其他为 0。因此，底图色彩对 Class 1 的匹配顺序为：中等>较小>其他。

4.3.3.4　基于匹配度 δ 的方案对指标权重计算

地图原型方案对各指标的匹配结果表如表 4.15 所示。

表 4.15　地图原型方案对各指标的匹配结果表

地图要素	地图 M1	地图 M2	地图 M3	地图 M4
B1 符号类型	传统几何式 $\delta=1$	边框背景式 $\delta=2$	真形卡通式 $\delta=1$	立体阴影式 $\delta=0$
B2 底图色彩	绿 $\delta=0$	白 $\delta=1$	红 $\delta=2$	红 $\delta=2$
B3 符号尺寸	较小 $\delta=1$	中等 $\delta=2$	较小 $\delta=1$	中等 $\delta=2$

将匹配度 δ 进行归一化处理，分别作为地图 M1、M2、M3、M4 对指标 B1、B2、B3 的权重，记为 $\boldsymbol{R}=\left(r_{ij}\right)_{3\times4}$，其中，$r_{ij}$ 表示第 i 个方案对第 j 个指标的权重。

$$\boldsymbol{R}=\begin{pmatrix} r_{11}=1/(1+2+1+0) & r_{12}=0/(0+1+2+2) & r_{13}=1/(1+2+1+2) \\ r_{21}=2/(1+2+1+0) & r_{22}=1/(0+1+2+2) & r_{23}=2/(1+2+1+2) \\ r_{31}=1/(1+2+1+0) & r_{32}=2/(0+1+2+2) & r_{33}=1/(1+2+1+2) \\ r_{41}=0/(1+2+1+0) & r_{42}=2/(0+1+2+2) & r_{43}=2/(1+2+1+2) \end{pmatrix}$$

$$=\begin{pmatrix} 0.250 & 0.000 & 0.167 \\ 0.500 & 0.200 & 0.333 \\ 0.250 & 0.400 & 0.167 \\ 0.000 & 0.400 & 0.333 \end{pmatrix}$$

4.3.4　个性化地图方案对目标的权重计算

我们最终要推荐给用户的不是单一的符号类型或整体风格等地图要素模板，而是经过知识干预的、优选的、完整的地图原型。这样才能真正简化用户操作，从而减轻用户认知负荷。为此，在个性化地图方案对指标权重计算的基础上，还要计算评估指标对目标的权重，并计算地图方案对目标的最终权重，获得完整的量化评估模型。

1. 个性化地图评估指标对目标的权重计算

将符号类型、底图色彩、符号尺寸所属公因子的特征值 $\lambda=(\lambda_1,\lambda_1,\lambda_3)$ 进行归一化，作为指标对总目标的权重，记为 $W=(w_1,w_1,w_3)$，即

$$w_i = \frac{x_i}{\sum_{i=1}^{n} x_i} \tag{4-1}$$

已知 $\lambda=(2.078,1.242,1.087)$，则

$$\begin{aligned} W &= (w_1, w_1, w_3) \\ &= (0.472 \quad 0.282 \quad 0.247) \end{aligned}$$

2. 地图原型方案对目标的总权重计算

将地图原型方案对总目标的权重记为 $Q=(q_1,q_2,q_3,q_4)$，其中，q_i 表示第 i 个方案对总目标的权重，由线性加权分析方法得

$$\begin{aligned} Q &= W \times R \\ &= (0.472 \quad 0.282 \quad 0.247) \times \begin{pmatrix} 0.250 & 0.000 & 0.167 \\ 0.500 & 0.200 & 0.333 \\ 0.250 & 0.400 & 0.167 \\ 0.000 & 0.400 & 0.333 \end{pmatrix} \\ &= (0.159 \quad 0.374 \quad 0.272 \quad 0.195) \end{aligned} \tag{4-2}$$

由此可以得出结论：本章初始假设的 4 种地图方案对 Class 1 的适合度排序为：M2>M3>M4>M1。

4.3.5 量化评估模型的建立

将匹配度和特征值作为权重,得到个性化地图认知适合度线性加权量化评估模型,如图 4.4 所示。

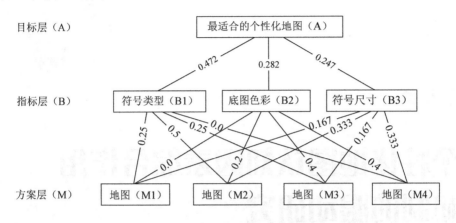

图 4.4 个性化地图认知适合度线性加权量化评估模型

4.4 本章小结

本章是全书的重点之一,针对个性化地图对指定目标的适合度评估问题,先介绍了模式识别中的模板匹配和原型匹配理论,针对假设问题建立了定性的评估模型;然后设计并发放了要素选择问卷 2,对用户样本进行了聚类分析,选择了其中的一个用户聚类中心作为匹配目标;再对问卷中的地图要素选择结果进行方差分析,获取单一地图要素对单一影响因素的显著差异,逐步剖析地图要素与影响因素一对一、一对多的个性化匹配关系;最后以匹配度 δ 为地图原型方案对指标的权重,以问卷 1 中公因子的特征值 λ 作为指标对目标的权重,通过线性加权法建立了个性化地图认知适合度量化评估模型。

第 5 章

个性化地图认知因素综合作用机制的眼动研究

目前,关于地图认知眼动实验研究的结论大多是对地图认知效果的评价,虽然关注了认知过程,但是只停留在定性研究阶段,缺少对认知过程中各影响因素叠加、交互作用的细粒度分析,以及对动态认知过程和认知差异的实时监控手段。另外,个性化地图眼动实验分析可以借鉴的经验和实例都较少。因此,本章是全书的重点和难点。

为了验证认知适合度评估模型,以及进一步研究个性化地图的认知差异和认知过程,本章以眼动实验为研究手段,基于个性化地图认知过程分析和眼动-认知表征模型设计了两个眼动实验。实验 1 的主要目的是对个性化地图认知适合度评估结果进行验证,对眼动-认知表征模型进行应用;实验 2 选取符号类型作为地图要素个性化设计的代表,对认知过程中多种影响因素的叠加作用、地图要素与影响因素的交互作用进行细粒度分析和热点图显示表达,对专家与新手的动态认知过程进行实时监控和视线轨迹对比分析,依据自下而上与自上而下相结合的信息加工范式对认知差异进行理论解释。

5.1 个性化地图的认知过程研究

5.1.1 地图视觉认知过程介绍

视觉认知分为：寻找（Visual Search）、发现（Detection）、分辨（Discrimination）、识别（Recognition）、确认（Identification）和记忆搜索（Memory Search）[181]。视觉认知中的寻找是指在视场各处巡视可能存在的目标，在复杂情况下会形成一定的搜索策略；发现是指从观察到的各种对象中发现目标，忽略其他信息，当视觉探测到的刺激信号与预期基本一致时则固定跟随此信号；分辨是指在若干相似对象中辨别出目标对象，当刺激信号相似时需要进一步探测以区分细节；识别是指根据视觉特征信息或细节信息的区别，识别目标信号的含义；确认是指明确捕获的对象就是目标对象；记忆搜索是指在上述各过程中将视觉获得的信息与记忆中的信息进行比较[178]。

地图视觉认知信息加工过程，是指眼睛通过对地图的知觉、觉察、辨识获取地图信息的过程。首先，地图刺激信号进入视觉系统并进行登记；其次，在注意的作用下，识别相关信息并转入短时记忆，再与长时记忆中提取的信息进行匹配；最后，根据专业知识做出判断和决策[66, 181]。

5.1.2 个性化地图认知阶段分析

在个性化地图可视化领域，地图阅读不是简单的信息输入过程，而是对信息进行加工、筛选、编码，使之与用户头脑中已经储存的信息知识相互联系并重新组织，不断构建新的认知结构的过程。不同的视觉生理基础构造、文化背景、使用习惯等决定了每个人对地图信息加工机制和采取策略的不同。因此，在地图设计中不仅要考虑呈现内容的分类分级，还要考虑以用户为主的地图影响因素，据此采用合适的地图可视化方法，使之与用户的心理图式相匹配，才能在潜意识层面引导用户采用自上而下和自下而上相结合的信息加工范式，在感知地图要素视觉刺激的同时，积极发挥主观经验的作用进行模式识别，通过两者结合来提高认知效率。这就是个性化地图可视化的意义所在。元认知可以用来解释地图学眼动实验中被试对读图目标的首次注视、对地图视觉轨迹的觉察及修正、对读图速度的调整、对地图目标的回视检视等。

地图的视觉信息加工过程一般可以概括为如下过程。眼睛受到材料刺激之后，便启动视觉认知中的寻找、发现、分辨、识别、确认和记忆搜索的过程。视知觉过程既包括特征分析、模板匹配和原型匹配等自下而上的信息加工范式，又包括情境效应和期望效应等自上而下的信息加工范式。在这个过程中，自下而上的信息加工范式和自上而下的信息加工范式是同时且相互作用的，同时还调用心象地图，或者已知概念、背景知识和经验中的内容图式和形式图式，完成对地图的信息加工[180]。

在阅读和使用地图的过程中，用户经常采取自下而上与自上而下相结合的信息加工范式完成认知。因此，个性化地图可视化的信息加工过程可以大致描述为：在眼睛感受到地图中的色彩属性、几何图形等刺激之后，便开始进行寻找、发现、分辨、识别、确认和记忆搜索。在这个过程中，先自下而上地对地图中的形状、方向、密度等视觉变量进行成分识别；然后通过特征分析与记忆比较形成符号、色彩、整体等几大类地图设计要素，再将要素进行整合完成对地图整体的认知；经过与长时记忆中地图心象的反复比对，最后在确认认知结果的基础上，产生使用地图可视化系统的行为决策。在这个过程中，除了地图要素的刺激，每个信息加工阶段都受到用户属性、知识经验、环境因素、显示载体等复杂因素自上而下的影响，并使用户对信息加工结果产生一定的期望。自下而上与自上而下的个性化地图信息加工过程是相互交叉、不可分割的。

5.2 个性化地图眼动实验多组域和眼动-认知表征模型构建

5.2.1 个性化地图眼动实验多维域

个性化地图认知机理眼动实验研究涉及多维域，具体如下。

第一维、第二维平面域：地图所处的平面位置。设计表达中的点、线、面等地图要素、拓扑信息，以及眼动轨迹都在一定的平面上展现，这个过程有一定的语法规则。问卷1的因子分析研究的就是这个维域的问题。

第三维情境域：地图所处的除时间之外的客观因素（光线、温度、介质等）

和眼动发生的空间语境。

第四维时间域：按照常规的认识，把时间作为第四维，包括地图所处的时间客观因素（昼夜、季节）、眼动时间（首次注视时间、总注视时间等）、行为反应时等发生的时间语境。后文眼动实验 1 和眼动实验 2 的各种眼动时间指标都在这个维域内。

第五维认知域：指对地图要素内容的语义理解，解决"看见""看懂""看好"的问题。后文眼动-认知表征关系及基于问卷 2 的个性化匹配度、适合度都在这个维域内。

第六维行为域：主要指用户在使用地图时发生的单击选择，表情变化，眼动的注视、眼跳、扫视等运动行为。

用户存在于第一维、第二维地图平面域之外的所有维域中。

以下是该多维域的一些三维剖面图（见图 5.1）及解释：图 5.1（a）表示平面地图上的点 (x_1, y_1) 在情境 z_1（白天的手机地图）的用户使用地图的实时状态；点 (x_2, y_2) 在 z_2（晚上的纸质地图）的用户使用地图的实时状态。图 5.1（b）表示用户在认知水平为 x_1（觉察）、情境为 y_1（白天的手机地图）的条件下发生了 z_1（单击选择）的动作行为；在认知水平为 x_2（辨识）、情境为 y_2（晚上的纸质地图）的条件下发生了 z_2（眼睛注视）的动作行为。

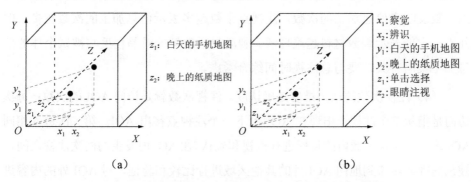

图 5.1　个性化地图认知机理眼动实验多维域的三维剖面图

其中，与个性化地图认知机理关系最密切的是认知域，下面专门探讨该维域中的眼动-认知表征关系。

5.2.2 认知域内的眼动-认知表征模型构建

对认知域进行分析,得出眼动实验中的眼动指标(含行为指标,下同)所指示的认知维度如下。

(1)首次进入时间的认知维度是感知度。首次进入时间是指从刺激材料开始呈现直到被试的注视点第一次出现在 AOI 的时间。AOI 就是我们关注的目标点所在的区域。在使用地图的过程中,被试进入这个目标区域所用的时间,就代表被试的眼睛觉察到这个区域内容的时间,即引起被试视感觉的敏感程度。由于在注视时才能进行信息加工,所以首次进入时间是素材与被试"接通"的时间,也是真正的信息加工开始之前花费的时间。

(2)首次注视时间的认知维度是注意度。首次注视时间是在 AOI 中出现的首个注视点的持续时间;是形成注视并进行首次信息加工的时间;是对区域内目标整体初步认知的过程,受素材繁简、被试个人特征等因素影响。首次信息加工的时间长短是中性指标。首次注视时间长既可能是因为被试被素材吸引,也可能是因为加工存在一定难度不易理解,究竟是哪种情况还要结合其他指标综合分析。

(3)平均注视时间的认知维度是理解度。根据相关文献可知,平均注视时间 = 总注视时间÷注视点个数[66]。总注视时间是从注意直到决定发生单击行为的全过程中信息加工时间的总和,受信息加工难度和素材复杂程度影响;注视点个数反映出信息加工的次数,注视点个数越多表示信息加工的次数越多,但并不一定能表示刺激材料越难理解。刺激材料理解的难易程度与被试个体的信息加工策略有关,要与总注视时间综合考虑。

(4)注视次数的认知维度是确认度。注视次数就是访问 AOI 的次数;每次访问是指从首个注视点出现在 AOI 到下一个注视点移出 AOI。第二次进入相同 AOI 是为了对该区域内的目标进行检视和确认。在 AOI 内发生的两次注视之间,被试的视线转移到地图 AOI 外的其他区域进行比较和验证,对 AOI 外的内容进行短期记忆后视线再返回注视目标,该过程中包含记忆的提取、比较、判断等信息加工过程。

(5)首次鼠标单击时间(行为指标)的认知维度是认知度。由于首次鼠标单击时间是从素材呈现到单击确认操作的全过程,而确认目标与决策执行几乎是在瞬间完成的,所以首次鼠标单击时间可以代表对目标整体认知过程的快慢。

将眼动指标、认知维度和视觉认知阶段中的寻找、发现、分辨、识别、确认和记忆搜索过程联系起来,就可以建立认知域中的眼动-认知表征模型(见表 5.1)。

表 5.1 认知域中的眼动-认知表征模型

指标类别	指标名称	认知维度	认知阶段
眼动指标	首次进入时间	感知度	寻找、短时记忆
	首次注视时间	注意度	发现、记忆搜索
	平均注视时间	理解度	分辨、识别、记忆搜索
	注视次数	确认度	确认、记忆搜索
行为指标	首次鼠标单击时间	认知度	认知全程、记忆搜索

注:平均注视时间 = 总注视时间 ÷ 注视点个数。

5.3 个性化地图认知适合度评估结果的眼动实验验证

本节仍将作为认知适合度评估对象的 4 张地图图片作为素材进行眼动实验,通过分析眼动/行为数据、眼动热点图、眼动-认知表征雷达图,来考察 4 张地图对 Class 1 用户群体的个性化匹配结论(M2>M3>M4>M1)是否正确,同时基于认知心理学理论对 Class 1 用户群体对 4 张地图的认知差异和信息加工过程进行解释。

5.3.1 实验被试的判别选取

随机选取 100 名被试,按照由问卷 2 研究得出的用户聚类模型对其进行判别分析,最终选取属于 Class 1 的 16 名被试进行组内设计眼动测试。被试裸眼或矫正视力均达到 1.0 以上水平,无色盲、色弱,均为右利手且能熟练操作计算机,未参加过类似眼动实验,且事先不了解本次实验内容。被试判别分析的过程说明如下。

假设指定两位新用户,分别描述为:

User 1={男，30～39 岁，商人，大学本科，经常使用地图，偏好绿色，爱好体育，常用百度地图}；

User 2={女，50～59 岁，教育工作者，博士，地图专家，偏好白色，爱好美术，常用高德地图}。

对这两位新用户的影响因素进行编码，写入问卷 2 的样本数据集中，对案例处理摘要和分组统计量计算之后，进行判别分析。结果显示，User 1 被归入 Class3，User 2 被归入 Class4。具体判别过程参见附录 D。

5.3.2 实验方法及过程

5.3.2.1 实验仪器和环境

实验采用瑞典 Tobii 公司生产的 X120 型桌面式眼动仪进行测试，采用配套的 Tobii Studio 2.0 和 IBM SPSS 19.0 进行数据采集和分析，并且在不告知被试的情况下利用外置摄像机对测试状态进行视频记录，最大程度降低被试的身体和心理负荷等。实验采用双眼追踪，采样频率设为 120Hz，采样精度为 0.5 度。整个实验在自适应地图设计实验室内进行，呈现材料的是分辨率为 1280px×1024px 的三星液晶显示器，被试坐在屏幕对面的高背座椅上，眼位与屏幕中心等高，眼睛距屏幕 60cm，测试姿势舒适。

5.3.2.2 材料准备

将地图原型匹配研究的 4 张地图图片作为实验素材，随机展现平衡顺序效应。再制作符号图例图片 1 张、地图练习材料 3 张（非实验材料），用于在预实验阶段练习操作，消除眼动实验的启动效应。材料难度等级经 5 位地图专家评定接近等值。制作中心有"十"字的图片，用于在地图素材切换时使被试视线回归屏幕中心。经另外两人测试（非本实验被试）实验能够顺利完成，难度适中。

5.3.2.3 实验设计

本实验设计为单因素组内实验，要求被试在练习之后观看 4 张随机呈现的地图图片，按照提示语找出目标点，并立即单击确认。实验材料的呈现时间不限，被试单击目标点后页面自动切换。实验尽可能接近实际地图的操作情形，以提高数据的生态学效度[66]。在目标点周围划定 AOI，对 AOI 内的眼动参数和行为参数进行考察。

实验变量如下。

（1）自变量。自变量是地图样式，共 4 个水平，分别为地图 M1、地图 M2、地图 M3、地图 M4。

（2）因变量。眼动仪自动记录的眼动指标为各 AOI 内的首次进入时间和首次注视时间；行为指标为首次鼠标单击时间，即反应时；可视化图形有 AOI 图、热点图、视线轨迹图、镂空热点图等。

5.3.2.4 实验过程

该眼动实验的主要操作步骤如下。

（1）对被试进行眼动校准，通过仪器内置的 3D 眼动模型，捕捉、计算被试眼球（主要部分为视网膜、中央凹等区域）的形状、光折射、光反射数据，建立眼动模型。校准质量将显示在屏幕上，重复校准直至达到 Accept 水平。

（2）先请被试观看图例图片并进行练习操作，然后进入正式实验。先呈现中心有"十"字的图片 1s，使被试视线回归屏幕中心，然后呈现地图 M1，由被试按照提示语找到目标点后单击确认，同时触发页面切换，呈现中心有"十"字的图片 1s，以此类推直至被试完成所有测试操作。在整个实验过程中，由眼动仪、Tobii Studio 2.0 和外置摄像机自动记录相关实验数据。

（3）眼动测试结束后，由辅试者记录被试的个人信息（性别、年龄、学历、地图熟悉程度、专业程度、色彩偏好、兴趣爱好）和对测试地图的评价（记忆度、辨识度、理解度和美誉度），与被试一起观看实验录像回放，并请被试进行出声思维，找出其中有疑问或有表情变化的特殊时间点，在测后访谈中询问被试。

5.3.3 数据分析

将数据采样率低于60%，以及因被试头部移动、眼睛疲劳或其他生理原因导致的眼动仪无法记录或记录无效的数据剔除后，最终进行数据分析的有效样本为47份。数据经过处理后导入IBM SPSS 19.0，进行描述性统计、方差分析等多元数理统计分析，结果如下。

1. 首次进入时间

1）描述性统计

从表5.2中可以看出，地图M4的首次进入时间最长，地图M2的首次进入时间最短。首次进入时间由长到短的排列顺序为：M4>M1>M3>M2。

表5.2 眼动实验1的首次进入时间描述性统计表

地图样式	N/份	均值	标准差
地图M1	13	4.7869	3.0772
地图M2	15	3.3707	2.0213
地图M3	10	3.9960	2.6618
地图M4	9	7.8267	4.9011

2）方差分析

经统计检验，方差齐性。

单因素方差分析结果（见表5.3）表明：地图样式对首次进入时间，$F(3, 43)=4.011$，$P=0.013<0.05$ 表示拒绝零假设，即地图样式对首次进入时间有显著影响。也就是说在4张地图中，至少有一张地图的首次进入时间与其他地图有明显差异。

表5.3 眼动实验1的首次进入时间方差分析表

分组	平方和	df	均方	F	显著性
组间	119.434	3	39.811	4.011	0.013
组内	426.762	43	9.925		
总数	546.196	46			

第5章 个性化地图认知因素综合作用机制的眼动研究

3）简单效应检验

在表 5.4 中，地图 M4 与地图 M1、地图 M2、地图 M3 之间的 P 值分为 0.031、0.002、0.011，均小于 0.05，说明地图 M4 与另外 3 张地图的首次进入时间存在显著差异。

表 5.4 眼动实验 1 的首次进入时间简单效应检验表

(I) 地图	(J) 地图	均值差（I-J）	标准误	显著性
M1	M2	1.416	1.194	0.242
	M3	0.791	1.325	0.554
	M4	-3.040	1.366	0.031
M2	M1	-1.416	1.194	0.242
	M3	-0.625	1.286	0.629
	M4	-4.456	1.328	0.002
M3	M1	-0.791	1.325	0.554
	M2	0.625	1.286	0.629
	M4	-3.831	1.447	0.011
M4	M1	3.040	1.366	0.031
	M2	4.456	1.328	0.002
	M3	3.831	1.447	0.011

4）均值图

从图 5.2 中可以看出，地图 M4 的首次进入时间与其他地图的首次进入时间都有区别，这与差异检验的结果一致。

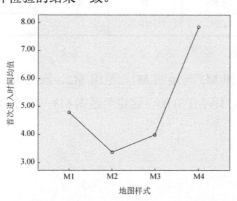

图 5.2 眼动实验 1 的首次进入时间均值图

2. 首次注视时间

1）描述性统计

从表 5.5 中可以看出，地图 M3 的首次注视时间最长，地图 M2 的首次注视时间最短。首次注视时间由长到短的排列顺序为：M3>M1>M2>M4。

表5.5 眼动实验 1 的首次注视时间描述性统计表

地图样式	N/份	均值	标准差
地图 M1	13	0.5823	0.53225
地图 M2	15	0.4020	0.39345
地图 M3	10	1.0960	0.72751
地图 M4	9	0.2956	0.26562

2）方差分析

经统计检验，方差齐性。

单因素方差分析结果（见表 5.6）表明：地图样式对首次注视时间，$F(3,43)=5.086$，$P=0.004<0.05$，表示拒绝零假设，即地图样式对首次注视时间有显著影响。也就是说 4 张地图中，至少有一张地图的首次注视时间与其他地图有明显差异。

表5.6 眼动实验 1 的首次注视时间方差分析表

分组	平方和	df	均方	F	显著性
组间	3.866	3	1.289	5.086	0.004
组内	10.895	43	0.253		
总数	14.761	46			

3）简单效应检验

在表 5.7 中，地图 M3 与地图 M1、地图 M2、地图 M4 之间的 P 值分别为 0.02、0.002 和 0.001，均小于 0.05，这说明题图 M3 与另外 3 张地图的首次注视时间存在显著差异。

表 5.7　眼动实验 1 的首次注视时间简单效应检验表

(I) 地图	(J) 地图	均值差（I-J）	标准误	显著性
M1	M2	0.180	0.191	0.350
	M3	−0.514	0.212	0.020
	M4	0.287	0.218	0.196
M2	M1	−0.180	0.191	0.350
	M3	−0.694	0.205	0.002
	M4	0.106	0.212	0.619
M3	M1	0.514	0.212	0.020
	M2	0.694	0.205	0.002
	M4	0.800	0.231	0.001
M4	M1	−0.287	0.218	0.196
	M2	−0.106	0.212	0.619
	M3	−0.800	0.231	0.001

4）均值图

从图 5.3 中可以看出，地图 M3 的首次注视时间与其他地图的首次注视时间都有区别，这与差异检验的结果一致。

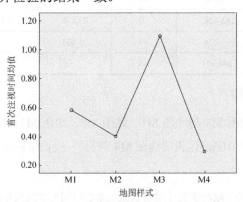

图 5.3　眼动实验 1 的首次注视时间均值图

3. 首次鼠标单击时间

1）描述性统计

从表 5.8 中可以看出，地图 M4 的首次鼠标单击时间最长，为 13.153s；地图

M2 的首次鼠标单击时间最短,为 6.157s。首次鼠标单击时间由长到短的排列顺序为: M4>M1>M3>M2。

表 5.8 眼动实验 1 的首次鼠标单击时间描述性统计表

地图样式	N/份	均值/s	标准差/s
地图 M1	14	6.819	3.808
地图 M2	15	6.157	4.147
地图 M3	10	6.503	2.634
地图 M4	8	13.153	7.694

2)方差分析

经统计检验,方差齐性。

单因素方差分析结果(见表 5.9)表明:地图样式对首次鼠标单击时间,$F(3, 43)=4.721$,$P=0.006<0.05$ 表示拒绝零假设,即地图样式对首次鼠标单击时间有显著影响。也就是说 4 张地图中,至少有一张地图的首次鼠标单击时间与其他地图有明显差异。

表 5.9 眼动实验 1 的首次鼠标单击时间方差分析表

分组	平方和	df	均方	F	显著性
组间	298.428	3	99.476	4.721	0.006
组内	906.074	43	21.071		
总数	1204.502	46			

3)简单效应检验

在表 5.10 中,地图 M4 与地图 M1、地图 M2、地图 M3 的 P 值分别为 0.003、0.001、0.004,均小于 0.05,这说明地图 M4 与另外 3 张地图的首次鼠标单击时间存在显著差异。

表 5.10 眼动实验 1 的首次鼠标单击时间简单效应检验表

(I) 地图	(J) 地图	均值差 (I-J)	标准误	显著性
M1	M2	0.661	1.706	0.700
	M3	0.316	1.901	0.869
	M4	-6.334	2.034	0.003

续表

(I) 地图	(J) 地图	均值差 (I-J)	标准误	显著性
M2	M1	−0.661	1.706	0.700
	M3	−0.346	1.874	0.855
	M4	−6.995	2.010	0.001
M3	M1	−.316	1.901	0.869
	M2	0.346	1.874	0.855
	M4	−6.650	2.177	0.004
M4	M1	6.334*	2.034	0.003
	M2	6.995	2.010	0.001
	M3	6.650	2.177	0.004

注：表中*表示统计意义显著。

4）均值图

从图 5.4 中可以看出，地图 M4 的首次鼠标单击时间与其他地图的首次鼠标单击时间有区别，这与差异检验的结果一致。

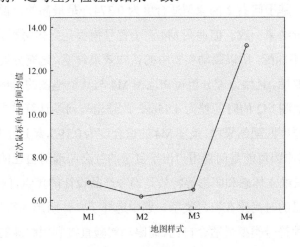

图 5.4　眼动实验 1 的首次鼠标单击时间均值图

5.3.4　结果讨论

通过分析实验数据可以发现，原假设 H_0——不同类型地图符号的认知效果没有区别，是不成立的。

1. 首次进入时间

实验中的首次进入时间是指从刺激材料开始呈现直到被试的注视点第一次出现在 AOI 的时间[66]，即被试从视线接触地图图片的一刹那到感知到目标点的时间，用来指示感知速度。首次进入时间越短，感知速度越快，寻找、发现目标点的效率越高。

由分析结果可知，首次进入时间由长到短的排列顺序为：M4>M1>M3>M2，也就是说按照感知度效果由优到差的地图排序为 M2、M3、M1、M4。如前所述，按照地图原型目标权重的地图适合度排序为 M2>M3>M4>M1。对比两者可知，地图 M2 和地图 M3 的排序是一致的，但地图 M1 和地图 M4 的位置发生了变化。地图 M2 上的目标点是最快被感知到的，说明它的刺激导向性最好；而地图 M4 上的目标点进入被试视野并形成注视的过程最慢，与地图 M1 的感知时间差为 4.456s。分析地图特征可知，地图 M2 由白色的底图色彩（δ=1）、边框背景式符号类型（δ=2）和中等符号尺寸（δ=2）构成，各种地图要素模板与 Class 1 的匹配度都较高，基于问卷 2 的原型适合度为 0.374，是最高的，说明眼动实验的结论与上述分析结果一致。但地图 M4 由于符号模板是立体阴影式（δ=0），与 Class 1 用户最不匹配，所以眼动实验中的认知效果最差，这充分说明了符号类型在地图中的重要性。且由方差分析可知地图 M4 与其他地图的目标点感知速度有明显差异，与地图 M2 的时间差为 4.456s，此结论与问卷计算结果有偏差。在基于问卷的地图原型匹配结果中，地图 M4 的适合度为 0.195，超过了适合度为 0.159 的地图 M1，其原因可能是问卷用户出于复杂的社会心理对自己的选择进行了主观掩饰[78,138]。三维立体感和阴影等特效是当今产品设计的焦点，问卷 2 的 Class 1 被试为表达自己的时尚感在符号类型一题中选择了立体阴影式符号，或者被试本身就不清楚哪种符号类型最适合自己。而眼动实验直接利用眼球的运动数据来说明问题，被试在目标搜索任务中，只想尽快找到目标点，不会掩饰和控制自己看哪里，这也体现了眼动实验法客观、高效的优点。

大脑在人眼注视时才能进行信息加工，首次进入时间指示的是刺激素材与视线接通到认知开始的时间，色彩和该指标密切相关。从认知心理学研究中可知，在自下而上的感知过程中，色彩、图像、文字、构图这几个最主要的设计要素中，最重要的是色彩，因为色彩形成了在用户首次接触一件设计作品时最先攫取注意力的视觉印象；其次是图像，最后才是文字和构图[178, 180]。地图中最重要的设计要素是符号，底图色彩对视觉接通有辅助作用，但是远不如符号对视感觉的作用大。边框背景式符号大多采用了实心背景设计，其色彩面积较大，衬托作用强；真形卡通式符号色彩鲜明、构图新颖，有较强的视觉冲击力；传统几何式符号线划较细，不易迅速引起注意；立体阴影式符号主要通过过渡色彩圆圈背景体现立体感。Paivio 认为，与字词相比，图片具有双重编码，因此图片具有记忆优势效应[68]；Nelson 认为，图片的优势在于其视觉特征区分度较大[66]。边框背景式符号与真形卡通式符号及另外两类符号相比，边框背景式符号可在与被试视觉相接的一刹那传递出更多色彩印象信息，并且与被试对色彩的心理密码产生心灵沟通，符合被试在长期记忆的基础上形成的自上而下的期望效应，因此能在更短的时间内引起被试注意。

2. 首次注视时间

首次注视时间指的是在 AOI 中出现的第一个注视点的持续时间[66]，代表感知之后的认知过程启动的时间。因此首次注视时间主要指示的是 AOI 内地图要素引起被试注意的程度。图片是视觉特点强、整体性突出、信息直观的表意符号系统，能够直接接通语义，并在极短的时间内被识别加工[66]。由实验结果分析可知，首次注视时间由长到短的排序为：M3>M1>M2>M4。

被试对符号的注意度主要受符号类型和符号尺寸的影响。Rayner 和 Pollatsek 指出，由于图片中信息的确定常与材料差异的确定相似，因此眼睛能很快注意到图片中的信息区，人们对重要或有兴趣的物体比不重要的物体的注视时间长[66]。从这个角度分析，真形卡通式符号色彩鲜明、设计美观、视觉效果突出，更符合 Class 1用户群体的审美；立体阴影式符号构图复杂、不够清晰，虽然单个符号比较美观，在问卷 2 中的主观评价也较高，但是实际绘制在地图上时并不是很实用。

底图色彩与符号颜色的对比会直接影响符号的突出程度，因此首次注视时间也与底图色彩有关。基础心理学研究指出，刺激物的大小、色彩、空间位置等物理特性对注意的影响明显,这些物理特性的强烈对比往往能使刺激物从背景中凸显出来,并以自下而上的方式引导个体的选择性加工[68]。从这个角度来理解,真形卡通式符号与地图背景的颜色差别较大,因此能得到更长时间的注意;立体阴影式符号的圆圈边框设置了过渡色,与地图背景的颜色差别较小,因此得到的注意较少。

作者还将首次注视时间与平均注视时间(平均注视时间=总注视时间/注视点个数)[66]进行了比较,进一步发现:地图 M3 和地图 M1 目标区域的首次注视时间比平均注视时间长,而地图 M2 和地图 M4 目标区域的首次注视时间比平均注视时间短。廖彦罡在研究排球运动员观看运动比赛实战图片时发现,"开始阶段被试的注视持续时间明显长于平均注视时间,随后眼跳距离和扫视速度明显加快。"[66]对于本实验中与廖彦罡研究结论矛盾的部分,经认真分析可知,所在地图目标区域内的真形卡通式符号和立体阴影式符号具有立体效果,与其他两种符号类型相比这两种符号类型的细节设计更复杂。有研究表明,用户在第一次注视时就能提取图画的要义,对图画的其余注视用来注意细节[68]。被试对真形卡通式符号与立体阴影式符号进行细节加工时,由于这两种符号类型具有楼房的窗户、亭子的飞檐等立体效果,所以被试花费的时间比首次注视的时间要长。这与廖彦罡的另一观点是一致的,"被试在注视扫描的开始阶段就对图片的主要信息有了较好的关注,形成了初步表征阶段,视线集中在图片的关键部位,注视点随后扩散到图片的细节部分。"[66]

3. 首次鼠标单击时间

由本章理论部分构建的眼动-认知模型可知,首次鼠标单击时间指从含有 AOI 的刺激材料呈现开始到被试第一次在 AOI 单击确认所用的时间[66],也就是从开始信息加工到确认目标、做出决策所用的时间,即反应时,指示的是认知度。本实验中 4 张地图的目标点首次鼠标单击时间排序与首次进入时间排序完全相同,互相印证,说明了眼动指标对认知思维过程具有良好的表征作用。首次鼠标单击时间由长到短的地图排列顺序为:M4>M1>M3>M2,也就是说在搜索目标点的任务中,地图 M2 的认知效果最好,地图 M4 的认知效果最差,这与首次进入时间排序一致。也就是说无论对视感觉来说，还是视知觉来说，本实验的地图排序都是一致的。

因此可以做出如下解释：在实验前经过特征判别本次实验的被试属于 Class 1 的用户，因此可以用 Class 1 的语义模型来概括这类人的特征。由 Class 1 的语义模型可知，Class 1 的地图用户为 30～39 岁的经常使用地图的女性，偏好红色，具有较高层次的硕士学历，属于社会上创新能力较强的群体。我们可以将其想象为相对年轻、富有活力的女白领阶层，也可以推断出此类人群视力较好、喜欢干净整洁、性格正由活泼外向转向平和内敛。因此底色干净、符号设计知性、尺寸适中的地图更符合该类用户的认知特点，从而能更快被其感知。由问卷 2 得知，中青年女性比男性更喜欢真形卡通式符号的设计，偏好红色的人也更喜欢色彩冲击力较强的真形卡通式符号，因此地图 M3 也受到了 Class 1 用户的青睐。立体阴影式符号构成的地图 M4 的图片画面过于浓重、硬朗，掩盖了红色系的背景设计，因此该类用户并不太感兴趣，这与实验中表现出来的认知特点是一致的。可见地图符号的设计应该以适度为原则，并不是越复杂、越花哨越好。

4．可视化图形分析

由眼动仪生成的各种可视化图形可以将实验过程中记录的数据用直观的图形表示出来，并展示一些初步的结论。在热点图中，注视点最密集的区域用红色表示，随着注视点的减少，颜色由红变黄再变绿（图 5.5 中红色对应深灰，黄色对应白色，绿色对应浅灰），展示的是所有被试的平均行为，个体行为差异被掩盖，但是可行性、信度指数和效度指数都非常高。视线轨迹图是对单个用户注视模式的可视化，将被试的每个注视点用一系列同色点来表示，点的大小表示注视的持续时间，点的序号表示注视顺序。因此，热点图适用于对用户普遍性行为，即群体趋势，进行研究；视线轨迹图适用于对个体视线搜索规律的差异进行比较[198]。

1）热点图

在 4 张地图的目标点 AOI 及实验生成的结果热点图中，地图 M2 和地图 M3 的注视点相对集中，而地图 M1 和地图 M4 的注视点较分散，但是红色的热点密集区都出现在了 AOI 内（见图 5.5），这说明 AOI 划分是合理的，且被试都能够理解并完成测试任务。差别是被试在地图 M2 和地图 M3 上搜索目标点时，进行信息加工的注意力较集中，搜索效率较高；而在地图 M1 和地图 M4 上搜索目标点时，进行信息加工的干扰因素过多、注意力较差、搜索效率较低。就 4 张地图的认知效果来看，地图 M2 与地图 M3 的认知效果差别不大，地图 M1 的认知效果居中，地图 M4 的认知效果最差。此结果与数据分析结论基本一致。

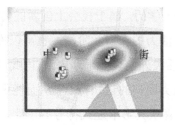

图 5.5　眼动实验 1 热点图中 AOI 内红色的热点密集区和单击位置图

2）镂空热点图

由镂空热点图（见图 5.6）可知，被试注视的对比情况更加明显。图 5.6 中空白的部分是注视点所在的位置，黑色的部分是没有注视点也就是被忽略的位置。对地图 M4 的注意力过于分散，对地图 M2 和地图 M3 的注意力集中于目标点周围，对目标点的察觉、辨识、记忆、模式识别等信息加工程度最好。

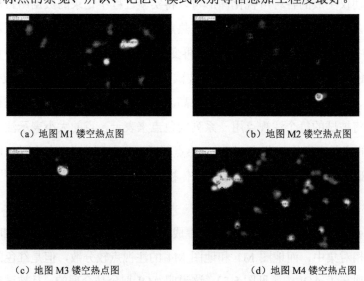

（a）地图 M1 镂空热点图　　　　　　　（b）地图 M2 镂空热点图

（c）地图 M3 镂空热点图　　　　　　　（d）地图 M4 镂空热点图

图 5.6　眼动实验 1 中地图素材上的镂空热点图

3) 实验结果信息分析

（1）由表 5.11 所得结论与热点图和数据分析得出的结论是一致的。混淆的目标符号导致被试的搜索效率低下，进而使被试的心理负荷增大，认知情绪沮丧。在实验结束后观看视频回放时，被试在相应时间点出现了皱眉、撇嘴等表情，相应的问题也在被试的同步出声思维、主观评价问卷与测后访谈中得到了印证。

表 5.11　眼动实验 1 的单击百分比及 AOI 注视点百分比汇总表

地图	单击百分比	AOI 注视点百分比
M1	93.50%	65%
M2	100%	93%
M3	97.50%	74%
M4	66%	52%

（2）有一个有趣的发现：被试的眼动特征整体具有食物倾向。无论是在哪张地图上；无论目标点是不是饭店；无论饭店以中餐符号还是西餐符号表示，都得到了明显注视。对食物的生理需要来自人类远古的基因遗传，可以用马斯洛的需求层次论解释。

（3）不管目标点的相对位置在哪个象限，距离地图图片中心较近的符号都得到了明显注视。这是由于在地图图片之间设置的"十"字校准图片将被试的视线拉回了屏幕中心，所以当地图页面切出的时候屏幕中心就成为新的视线起点，视线的有序性保证了实验的科学性。如果把上一张地图图片的视线终点或者提示语文本的尾字作为下一张图片的起点，数据就不够公平、客观了。图 5.7 是几种"十"字图片热点图，被试的视线基本都集中在十字交叉点上，也就是屏幕中心。

图 5.7　眼动实验 1 中"十"字图片热点图

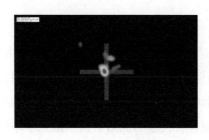
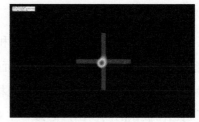

图 5.7　眼动实验 1 中"十"字图片热点图（续）

4）眼动-认知表征雷达图

眼动实验 1 的眼动指标均值表如表 5.12 所示。

表 5.12　眼动实验 1 的眼动指标均值表

眼动指标	地图 M1	地图 M2	地图 M3	地图 M4	均值
首次进入时间/s	4.787	3.371	3.996	7.827	4.995
首次注视时间/s	0.582	0.402	1.096	0.296	0.594
首次鼠标单击时间/s	6.819	6.157	6.503	13.153	8.158

眼动实验 1 的眼动指标均值折线图如图 5.8 所示。

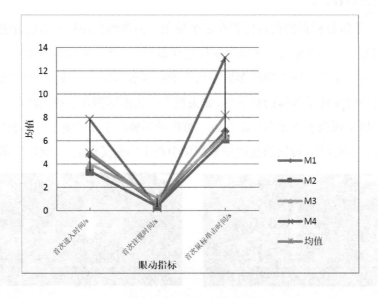

图 5.8　眼动实验 1 的眼动指标均值折线图

为了将各地图对不同眼动指标的差别显示得更清楚，我们将每张地图的眼动指标与总均值做了差值（见表 5.13）。

表 5.13 眼动实验 1 的眼动指标均值差值表

眼动指标差值	地图 M1	地图 M2	地图 M3	地图 M4
首次进入时间差值/s	-0.208	-1.624	-0.999	2.832
首次注视时间差值/s	-0.012	-0.192	0.502	-0.298
首次鼠标单击时间差值/s	-1.339	-2.001	-1.655	4.995

眼动实验 1 的眼动指标均值差值折线图如图 5.9 所示。可见，在信息加工的每个阶段，各地图的优劣排序并不是完全一致的。

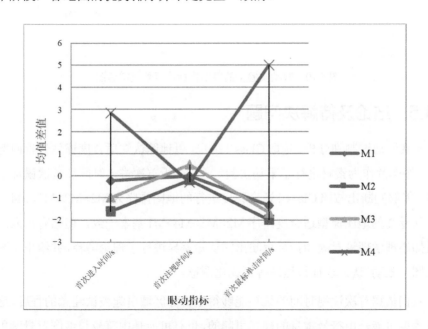

图 5.9 眼动实验 1 的眼动指标均值差值折线图

我们仍然采用均值差值的方法，将眼动指标表征的感知度、注意度、认知度以雷达图（见图 5.10）的形式突出表示。由于感知度、注意度、认知度 3 个认知维度的方向一致，都是越快越好，因此雷达图面积最小的地图就是这 4 张地图中认知效果最优的。由图 5.10 可知，地图 M2 面积最小，地图 M3 次之，地图 M1 第三，地图 M4 最大。这进一步验证了前面分析的结论。

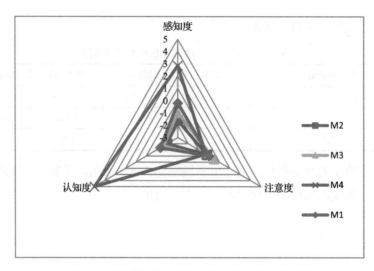

图 5.10　眼动实验 1 的眼动指标均值差值雷达图

5.3.5　结论及待解决问题

本实验通过判别分析，选取 Class 1 用户，以地图认知适合度评估假设问题的 4 张地图图片作为素材进行了眼动实验。通过分析首次进入时间和首次鼠标单击时间，能够判断出按照 Class 1 适合程度进行的地图排序为 M2>M3>M1>M4，与基于问卷 2 的地图原型适合度排序 M2>M3>M4>M1 基本一致，但略有出入。基于认知心理学理论对眼动指标反映出的认知差异进行了理论解释，并给出了眼动热点图、眼动-认知表征雷达图等可视化图形。

我们依据首次注视时间的长短能够得出目标区域引起被试注意的程度。这个注意程度可能是由符号本身的样式引起的，也有可能是由符号与地图背景颜色的差别引起的。究竟是哪一种情况，需要我们进一步研究。另外，虽然本实验以 Class 1 为例说明了指定用户类型对不同地图的认知差异，地图要素与复合影响因素的对应关系也已由问卷 2 分析确定，但是从认知过程来看，在每个认知维度，分别是哪些因素在起作用呢？地图要素与影响因素是如何同时作用于地图认知过程的呢？为了探寻这些答案，本书又设计了眼动实验 2，针对不同影响因素对符号类型的认知过程及其中的差异进行实时监控和细粒度分析。

5.4　个性化地图认知因素综合作用的眼动实时监控

目前，关于地图认知眼动实验研究的结论大多是对地图认知效果的评价，即使关注了认知过程，也只是停留在定性研究阶段，缺少对认知过程中各影响因素叠加作用的细粒度分析，以及对地图要素与影响因素交互作用的实时监控，并且对认知差异的研究也不够深入。

在定量实验方法中，脑电监控具有一定的灵敏度，但单纯的脑电研究不能确定认知情绪的正负；设备和技术过于专业、繁琐，地图学工作者很难掌握，而且其结果有一定延迟性，也不能用于情绪的实时测定。眼动实验具有客观性、实时性的特点，因此是地图认知过程实时监控的最好选择。联合实验方法为个性化地图认知机理的研究提供了交叉证据。

由于个性化地图认知影响因素繁多、交互关系复杂，在目前的心理实验水平下，通过设计一个眼动实验对几十个影响因素及其交互作用同时进行分析是不可能做到的。本实验选取地图要素中比较重要的符号类型作为代表，对认知过程中多种因素的叠加、交互作用进行细粒度分析和显式表达，以及对动态认知过程进行实时监控和对比分析，依据自下而上和自上而下相结合的信息加工范式对认知差异进行理论解释，并说明了眼动实验法的优越性。

5.4.1　实验设计及解释

为了判断符号类型的认知差异，本实验在眼动实验 1 的基础上，在武汉市的 1∶500 000 大比例尺地图上截取了 4 块不同的制图区域，采用前文用过的 4 种个性化符号类型进行交叉设计，最终制作成了 16 张 jpg 格式的实验地图图片。地物位置和内容略有更改，地图底色为粉色，符号尺寸为中等大小。

为了平衡实验中的顺序效应，以制图区域和被试轮组为无关变量进行拉丁方设计。同时增加被试的类型和数量，从所在学校的老师、学生、保洁员等中随机选取 58 名被试，重新安排被试顺序，每个被试只接受一个地图符号类型水平的处理，也就是每人只看一张地图图片。特别注意被试在性别、年龄、教育水平、地图熟悉程度、测试时间等影响因素上的平衡；色彩偏好、兴趣爱好、常用地图网站、区域经验、主观评价、搜索方式等影响因素随机分布；由问卷研究结论可知职业影响较弱，故此处不考虑职业的影响。被试裸眼或矫正视力均达到 1.0 以上，无色盲、色弱，均为右利手且能熟练操作计算机，未参加过类似眼动实验，且事先不了解本次实验内容。

本实验在主观影响因素中补充了区域经验、搜索方式、主观评价等 3 个扩展因素。另外，因为在眼动实验 1 中发现，夜晚荧光灯照明条件下眼动仪的采样率较低，所以本实验把测试时间这一客观因素加入自变量中，其他设置都与眼动实验 1 相同。根据问卷 2 与眼动实验 1 的结果，对实验中的要素变量和水平进行了细微调整。眼动实验 2 的变量设计及编码表如表 5.14 所示。

表 5.14 眼动实验 2 的变量设计及编码表

要素类别	自变量	水平数	变量值域
地图要素	符号类型	4	1—传统几何式；2—立体阴影式；3—边框背景式；4—真形卡通式
主观因素	性别	2	1—男；2—女
	年龄	5	1—19 岁（含）以下；2—20~29 岁；3—30~39 岁；4—40~49 岁；5—50 岁（含）以上
	教育水平	4	1—高中及以下；2—大学本科；3—硕士；4—博士
	地图熟悉程度	5	1—地图专家；2—经常使用；3——般熟悉；4—偶尔使用；5—新手
	色彩偏好	5	1—白；2—绿；3—灰；4—红；5—其他
	兴趣爱好	5	1—体育；2—音乐；3—史地；4—美术；5—其他
	常用地图网站	5	1—高德地图；2—谷歌地图；3—百度地图；4—搜狗地图；5—其他（图吧、雅虎、搜搜、丁丁网、51 地图、E 都市、都市圈、MAPABC、天地图、MapQuest 等）
主观扩展因素	区域经验	2	1—熟悉；2—不熟悉
	搜索方式	4	1—仅地名；2—仅符号；3—先地名后符号；4—先符号后地名
	主观评价	4	1—最好；2—较好；3—较差；4—最差
客观因素	测试时间	2	1—白天；2—晚上

在实验收集的数据中，依次选择表 5.14 中的影响因素与地图符号类型进行双因素混合实验分析。组间变量是某种影响因素；组内变量是地图符号类型，有

4个水平（1—传统几何式、2—立体阴影式、3—边框背景式、4—真形卡通式）；因变量选择首次进入时间、首次注视持续时间、总注视持续时间、注视点个数、注视次数等眼动指标，以及首次鼠标单击时间（反应时）行为指标；以目标点单个符号、注记、符号加注记划分3个AOI，目的是对被试的搜索方式进行研究。除此之外，下文提到的AOI区域均指既包含符号又包含注记的最大AOI。

我们可以将眼动实验2理解为一个被试数量相同的实验组，该实验组包含多个类似的双因素混合实验：实验2-1为年龄和地图符号类型的双因素混合实验；实验2-2为教育水平和地图符号类型的双因素混合实验；实验2-3为地图熟悉程度和地图符号类型的双因素混合实验，等等。这样做的好处是：通过简洁、高效的实验设计，用最少的被试人数、时间和实验次数得出最丰富的结论，降低实验成本。

5.4.2 数据分析

对采集到的数据进行筛选、处理，最终得到的有效样本为47份。如前所述，眼动实验2实际包含若干个子实验，数据分析结果非常多。此处仅以符号类型和年龄为自变量、首次进入时间为因变量的双因素实验为例，来说明数据分析过程。根据数据情况对年龄2和年龄3进行了合并，符号类型用类型代替。

1. 描述性统计分析

眼动实验2的首次进入时间描述性统计表如表5.15所示。

表5.15　眼动实验2的首次进入时间描述性统计表

年龄	符号类型	均值	标准偏差	N/份
1—19岁（含）以下	1—传统几何式	5.925	2.312	2
	2—立体阴影式	4.477	0.710	3
	3—边框背景式	1.840	0.820	2
	4—真形卡通式	2.360	0.287	3
2—20~39岁	1—传统几何式	4.500	4.316	5
	2—立体阴影式	3.800	1.626	5
	3—边框背景式	4.240	3.436	4
	4—真形卡通式	2.697	1.323	6

续表

年龄	符号类型	均值	标准偏差	N/份
3—40~49岁	1—传统几何式	2.300	2.079	2
	2—立体阴影式	15.165	2.949	2
	3—边框背景式	5.610	3.323	2
	4—真形卡通式	6.320	1.697	3
4—50岁（含）以上	1—传统几何式	5.820	1.809	4
	2—立体阴影式	9.540	0.382	2
	3—边框背景式	4.050	1.372	2
	4—真形卡通式	2.780	2.190	3

2．方差齐性检验

显著性水平 $P=0.306>0.05$（见表5.16），表明方差齐性成立，可以进行方差分析。

表5.16 眼动实验2的首次进入时间方差齐性检验表

F	df1	df2	Sig.
1.225	15	31	0.306

3．方差分析结果

由表5.17可知 $F(15,31)=4.213$，$P=0.000<0.001$ 达到显著水平，拒绝原假设 H_0。也就是说，在类型、年龄、类型与年龄3个因素中至少有一个对首次进入时间有显著影响。由表5.17可知年龄的主效应 $F(3,31)=5.093$，$P=0.006<0.05$，达到显著水平；类型的主效应 $F(3,31)=7.606$，$P=0.001<0.05$，达到显著水平；类型与年龄的交互效应 $F(9,31)=3.046$，$P=0.010<0.05$，达到显著水平。所以可以得出，类型、年龄、类型与年龄均对首次进入时间有影响。

表5.17 眼动实验2的首次进入时间方差分析表

源	III型平方和	df	均方	F	Sig.
校正模型	366.427	15	24.428	4.213	0.000
截距	1069.316	1	1069.316	184.396	0.000
年龄	88.606	3	29.535	5.093	0.006
类型	132.319	3	44.106	7.606	0.001
类型*年龄	158.995	9	17.666	3.046	0.010

4．简单效应检验

对年龄变量内部 4 个水平之间进行差异检验。由表 5.18 可知，年龄 1 与年龄 3 的 $P=0.003<0.05$，年龄 2 与年龄 3 的 $P=0.001<0.05$。也就是说，对于首次进入时间这一眼动指标来说，40～49 岁与 19 岁（含）以下、20～39 岁年龄段的差异很大，而与其他年龄段的差异不大。

表 5.18 眼动实验 2 的简单效应检验表 1

（I）年龄	（J）年龄	均值差值（I–J）	标准误差	Sig.
1—19 岁（含）以下	2—20～39 岁	-0.116	0.960	0.905
	3—40～49 岁	-3.630	1.106	0.003
	4—50 岁（含）以上	-1.742	1.052	0.108
2—20～39 岁	1—19 岁（含）以下	0.116	0.960	0.905
	3—40～49 岁	-3.514	0.993	0.001
	4—50 岁（含）以上	-1.626	0.932	0.091
3—40～49 岁	1—19 岁（含）以下	3.630	1.106	0.003
	2—20～39 岁	3.514	0.993	0.001
	4—50 岁（含）以上	1.889	1.082	0.091
4—50 岁（含）以上	1—19 岁（含）以下	1.742	1.052	0.108
	2—20～39 岁	1.626	0.932	0.091
	3—40～49 岁	-1.889	1.082	0.091

对类型变量内部 4 个水平之间进行差异检验。由表 5.19 可知，类型 2 立体阴影式与类型 1 传统几何式的 $P=0.007<0.05$，类型 2 立体阴影式与类型 3 边框背景式的 $P=0.002<0.05$，类型 2 立体阴影式与类型 4 真形卡通式的 $P=0.000<0.05$，均达到显著水平。也就是说不同年龄的被试对类型的认知差异集中在类型 2 立体阴影式上。

表 5.19 眼动实验 2 的简单效应检验表 2

（I）年龄	（J）类型	均值差值（I–J）	标准误差	Sig.
1—传统几何式	2—立体阴影式	-3.040	1.044	0.007
	3—边框背景式	0.791	1.013	0.441
	4—真形卡通式	1.416	0.913	0.131

续表

（I）年龄	（J）类型	均值差值（I-J）	标准误差	Sig.
2—立体阴影式	1—传统几何式	3.040	1.044	0.007
	3—边框背景式	3.831	1.106	0.002
	4—真形卡通式	4.456	1.015	0.000
3—边框背景式	1—传统几何式	-0.791	1.013	0.441
	2—立体阴影式	-3.831	1.106	0.002
	4—真形卡通式	0.625	0.983	0.529
4—真形卡通式	1—传统几何式	-1.416	0.913	0.131
	2—立体阴影式	-4.456	1.015	0.000
	3—边框背景式	-0.625	0.983	0.529

5. 简单效应分析

由方差分析结果可知，类型与年龄存在显著的交互作用。因此，需要进行简单效应分析。类型在年龄4个水平上简单效应分析的语法为：

```
MANOVA TtFF_AOI1全 BY 类型(1,4) 年龄(1,4)
/DESIGN=类型 WITHIN 年龄(1)
        类型 WITHIN 年龄(2)
        类型 WITHIN 年龄(3)
        类型 WITHIN 年龄(4)
```

眼动实验2的简单效应分析结果如图5.11所示。

Source of Variation	SS	DF	MS	F	Sig of F
WITHIN+RESIDUAL	268.38	34	7.89		
类型 WITHIN 年龄(1)	25.72	3	8.57	1.09	0.368
类型 WITHIN 年龄(2)	16.67	3	5.56	0.70	0.556
类型 WITHIN 年龄(3)	178.99	3	59.66	7.56	0.001
类型 WITHIN 年龄(4)	57.10	3	19.03	2.41	0.084
(Model)	277.82	12	23.15	2.93	0.007
(Total)	546.20	46	11.87		

图5.11 眼动实验2的简单效应分析结果

由图5.11可知，在"年龄(3)"的用户中，不同类型的首次进入时间差异显著，$F(3, 31)=7.56$，$P=0.001<0.05$；其他年龄段不同类型的首次进入时间差异不显著。模型的显著性为 $F(12, 31)=2.93$，$P=0.007<0.05$，因此该模型有一定意义。

6．交互作用效应图

由图 5.12 可知，在类型 2 立体阴影式的条件下，不同年龄对应的首次进入时间的差异较大，用时最多的是年龄 3，其次是年龄 4，用时最少的是年龄 2，在其他类型条件下差异较小，这与简单效应分析结论一致。在年龄 3 的条件下，不同类型对应的首次进入时间的差异较大，用时最多的是类型 2 立体阴影式，用时最少的是类型 1 传统几何式，在其他类型条件下差异较小，这与简单效应分析结论一致。

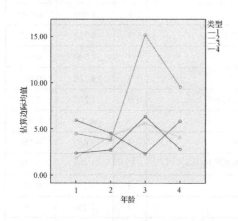 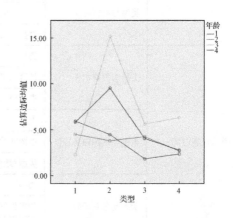

（a）首次进入时间与年龄的交互作用效应图　　（b）首次进入时间与类型的交互作用效应图

图 5.12　眼动实验 2 的双因素交互作用效应图

5.4.3　实验结果汇总

眼动实验 2 的双因素方差分析结果汇总表如表 5.20 所示，符号类型用类型代替。

表 5.20 眼动实验 2 的双因素方差分析结果汇总表

眼动/行为指标	自变量	源	df	F	Sig.
首次进入时间	类型与性别	类型	3	3.992	0.014
		性别	1	0.276	0.603
		类型*性别	3	0.488	0.692
	类型与年龄	类型	3	5.093	0.006
		年龄	3	7.606	0.001
		类型*年龄	9	3.046	0.010
	类型与地图熟悉程度	类型	3	3.728	0.019
		地图熟悉程度	4	0.045	0.833
		类型*地图熟悉程度	12	1.380	0.263
	类型与测试时间	类型	3	0.485	0.695
		测试时间	1	4.100	0.049
		类型*测试时间	3	0.753	0.527
首次注视时间	类型与教育水平	类型	3	4.090	0.014
		教育水平	3	4.729	0.007
		类型*教育水平	9	1.207	0.327
	类型与地图熟悉程度	类型	3	10.329	0.000
		地图熟悉程度	4	2.035	0.116
		类型*地图熟悉程度	12	1.398	0.230
	类型与色彩偏好	类型	3	7.247	0.001
		色彩偏好	4	1.760	0.163
		类型*色彩偏好	12	2.840	0.015
平均注视时间	类型与常用地图网站	类型	3	2.159	0.113
		常用地图网站	4	1.241	0.314
		类型*常用地图网站	12	2.455	0.035
	类型与性别	类型	3	1.040	0.386
		性别	1	1.473	0.232
		类型*性别	3	2.901	0.047
	类型与地图熟悉程度	类型	3	0.663	0.580
		地图熟悉程度	4	5.190	0.005
		类型*地图熟悉程度	12	0.215	0.969

续表

眼动/行为指标	自变量	源	df	F	Sig.
平均注视时间	类型与兴趣爱好	类型	3	3.900	0.018
		兴趣爱好	4	1.253	0.308
		类型*兴趣爱好	12	2.775	0.017
注视次数	类型与性别	类型	3	3.058	0.039
		性别	1	0.000	0.995
		类型*性别	3	1.681	0.187
	类型与区域经验	类型	3	3.691	0.020
		区域经验	1	7.146	0.011
		类型*区域经验	3	0.677	0.572
	类型与测试时间	类型	3	3.906	0.015
		测试时间	1	0.097	0.757
		类型*测试时间	3	1.948	0.170
首次鼠标单击时间	类型与地图熟悉程度	类型	3	3.734	0.019
		地图熟悉程度	4	0.401	0.530
		类型*地图熟悉程度	12	3.389	0.027
	类型与搜索方式	类型	3	9.432	0.000
		搜索方式	3	2.225	0.103
		类型*搜索方式	9	2.785	0.025
	类型与主观评价	类型	3	2.895	0.050
		主观评价	3	0.677	0.572
		类型*主观评价	9	2.037	0.072

5.4.4 个性化地图认知因素的叠加、交互作用分析

将表 5.1 中的眼动-认知表征关系代入表 5.20，即可得出影响因素与认知的对应关系，如表 5.21 所示。实验的主要目的是分析影响因素对认知阶段的影响，表 5.21 中显著变量单独为符号类型的已省去，文中的符号类型用类型代替。

表 5.21 眼动实验 2 的认知阶段、眼动/行为指标与显著影响因素关系表

认知维度	认知阶段	眼动/行为指标	显著变量	因素类别
感知度	寻找、短时记忆	首次进入时间	年龄	用户因素
			类型与年龄	交互作用
			测试时间	客观因素
注意度	发现、记忆搜索	首次注视时间	教育水平	用户因素
			类型与色彩偏好	交互作用
理解度	分辨、识别、记忆搜索	平均注视时间（总注视时间/注视点个数）	类型与性别	交互作用
			熟悉程度	用户因素
			类型与兴趣爱好	交互作用
			类型与常用地图网站	交互作用
确认度	确认、记忆搜索	注视次数	区域经验	用户因素

该双因素实验分析表明主观因素、客观因素对实验结果的影响很大。而且，当类型与不同的因素搭配作自变量时，它自身的影响程度也发生了变化，说明地图设计要素与影响因素相互影响，共同作用于人脑对地图的认知，由此进一步强调了影响因素在个性化地图可视化中的重要性。另外，研究发现，不同因素在认知过程中产生影响的阶段不同，达到了对认知过程实时监控的目的。下面将具体讨论影响因素对眼动指标及其所表征的认知维度的影响。

5.4.4.1 主观因素的叠加作用分析

1) 年龄、性别对首次进入时间的影响

（1）年龄的显著差异。

不同类型的首次进入时间差异显著，但是，加入年龄变量之后发现，年龄的主效应达到显著水平；类型与年龄的交互效应也达到显著水平（计算过程见 5.4.2 节）。由差异检验得知，年龄 3 与年龄 1 和年龄 2 之间差异显著，实验结果说明中老年群体与年轻人之间类型的首次进入时间差异显著。有研究证明，初级认知加工速度随年龄的增加而下降[180]。Mahcwohrt 提出年龄是影响 UFOV（Useful Field of View，有用的视觉域）的因素之一[68]。老年人在注意分配任务中的表现没有年轻人好，随着年龄增加言语再认和辨别能力、记忆能力衰减，信息加工有

效性下降，基本认知过程的操作执行速度减慢，记忆广度也减小[79]。

在类型 2 立体阴影式的测试中，40～49 岁年龄段的被试平均花费 15.165s 进入目标点 AOI，50 岁（含）以上年龄段的被试平均花费 9.540s，而其他年龄段的被试用时较少。也就是说，40 岁（含）以上年龄段的的被试与其他年龄段的被试在类型 2 立体阴影式的视觉感觉上存在明显差别。主要原因是 40 岁（含）以上的人群视力开始衰退，而类型 2 立体阴影式的设计采用了过渡色背景，所以符号构图清晰度较差。针对 40～49 岁年龄段的被试的简单效应分析也证实了这一点。相反，由描述性统计分析中的均值数据可知，20～39 岁年龄段的被试对于类型 2 立体阴影式的首次进入时间是 3.800s，仅次于类型 4 真形卡通式的首次进入时间，说明这种以过渡色表现立体感的符号设计方法，对于 39 岁（含）以下的年轻人来说没有问题，甚至还优于其他符号设计方法。因此，用阴影过渡表现立体感的符号设计方法并不适合在为中老年人设计的地图上使用。

（2）性别的隐式影响。

首次进入时间是指从刺激材料开始呈现直到被试的注视点第一次出现在 AOI 的时间，是对目标点的信息加工开始前的瞬时指标。

由实验结果可知，当同时考虑类型与性别对首次进入时间的影响时，类型影响显著，而性别影响不显著。经差异检验，在 4 种类型中，类型 2 立体阴影式的首次进入时间最长，与其他类型的差异显著，这与实验 1 的结论基本一致。本实验进一步探讨了性别的男、女两个水平在类型 2 立体阴影式上的差异。由描述性统计中的均值可知，在类型 2 立体阴影式上，男、女的首次进入时间差异较大，男性的首次进入时间为 6.642s，女性的首次进入时间为 9.308s，但在其他类型上差异较小，因此总差异不显著。交互作用效应图也验证了这一点。

这说明从性别角度分析，男、女对类型的意见分歧主要发生在类型 2 立体阴影式上，男性的首次进入时间较短、女性的首次进入时间较长。这是因为，一般情况下，男性在视觉空间表征的运用上更熟练[37, 180]，而且 Levy 和 Heller[181]指出，通常情况下，女性大脑半球的单侧化和功能专门化程度低于男性，因此男性在抽象能力和逻辑思维能力上比女性强，而女性更加注重感性认识和实体描绘[179]。来自女权主义者的研究表明，认知性别差异可能并不存在于特定的任务上，而存在于认知过程本身的方式上[180]。总体来说，除了一些特定的任务，就能力而言，男、女所有表现类型的相似之处远远多于差异之处，因此性别差异对目标符号的视觉感觉度有影响，但没有达到显著的程度。

2）区域经验对注视次数的影响

经验，即过去的感知，会影响现在的感知启动（预期）、感知模式、感知习惯和注意瞬脱。生活实践的长期记忆有助于形成心象地图。心象地图指的是人通过多种手段获取空间信息后，在头脑中形成的关于认知环境（空间）的"抽象代替物"[178]。注视次数可以理解为首次访问与回视注视次数的总和。回视有助于进行深层信息加工。回视的原因，可能是发现前面的内容信息加工不准确，与后面的内容有冲突；或者是遗漏了信息导致理解困难或错误，需要重新加工从而保持前后一致；或者是由于后面的内容有歧义，所以回视前面的内容以确定后面内容的意义[79]。注视次数反映了被试对阅读材料的熟练程度、加工策略和阅读材料本身的难易程度[66]。

经分析发现，区域经验较多的被试注视次数较少。其原因可能是该类被试通过将区域经验与长时记忆和心象地图进行匹配判断从而对目标点进行了确认补偿。符号样式的确认需要对 AOI 外的其他同组符号的相似性，或者异组符号的差异性进行比对检视，这说明了地图符号分类设计的重要性。符号之间存在语法和逻辑关系，这也是地图符号目标点查找任务与图片上某点检索的不同之处。

5.4.4.2 类型与主观因素的交互作用分析

1）类型和色彩偏好对首次注视时间的影响

视觉感知，尤其是阅读，不完全是一个自下而上的过程，其中也有自上而下的过程[182]。当符号的色彩与被试喜欢的色彩一致或类似时，很容易在瞬间接通被试的视觉感受，使符号从背景中凸显出来，吸引被试更多的注意，从而产生注意瞬脱[182]。注意瞬脱是大脑的感觉与注意力机制在 0.15～0.45s 完全用于处理第一个识别而忽略其他刺激的现象[182]。影响首次进入时间的是色彩的鲜亮程度，与被试的色彩偏好无关，因为在感觉的过程中，产生作用更大的是生理性的感受机制，不论被试是否偏好鲜艳的色彩，其视觉都会对鲜艳的色彩更敏感；而首次注视时间反映的是吸引注意的程度，也就是说在心理干预的初始阶段，被试就开始受到色彩偏好影响。简单效应分析表明，各类型在色彩偏好为红色的水平上差异显著。进一步进行描述性统计，得出类型 3 边框背景式与类型 4 真形卡通式的均值高于其他类型，这应该是因为偏好红色的人大多喜欢鲜艳、冲击力较强的色彩。类型 3 边框背景式内部设计了较大面积的纯色边框背景，而类型 4 真形卡通式的色彩鲜明活泼，能够第一时间吸引色彩偏好为红色的被试的注意。

2）类型和兴趣爱好对注视点个数的影响

人的兴趣爱好能够反映出他们的性格特征。性格决定了人的思考方式和心理活动。气质是人心理活动稳定的动力特征，包括心理过程的速度和稳定性（如知觉的速度、思维的灵活程度、注意力集中时间的长短等）、心理过程的强度（如情绪的强弱、意志努力的程度等）和心理活动的指向性（外部事物或内心世界）等方面的特点[65]。多种划分方法分别指示出人的气质性格的不同。例如，胆汁质、多血质、粘液质和抑郁质 4 种气质类型；荣格将内倾型人格、外倾型人格与感觉、思维、情感、直觉 4 种基本机能组合，提出 8 种性格机能类型；斯普兰格将性格与社会生活的 6 个领域相对应，提出理论型、经济型、审美型等 6 种性格类型；霍兰也提出 6 种性格类型，以及这些性格类型与职业之间的协调、亚协调、不协调 3 种匹配模式；此外，还有起源久远的九型人格理论[65, 178-182]。

视线轨迹是人大脑思维的具象表现，兴趣爱好与眼动特征之间有一定的关联，对注视点个数的双因素实验分析也证实了这一点。对兴趣爱好进行差异检验发现，爱好体育与爱好音乐、美术的被试的注视点个数差异显著，分别平均相差 1.85 和 1.53 个注视点。研究发现，爱好音乐、美术的被试性格比较沉稳、平静，在眼动特征上表现为，注视点个数较少，但是单次注视时间较长，信息加工方式更为专注和深入；相反，爱好体育的被试性格活泼、反应敏捷、思维跳跃，喜欢用短时、多次的注视获取信息[66]。进一步进行简单效应分析发现，兴趣爱好不同的被试对不同类型的眼动特征也存在显著差异,主要表现在爱好体育的被试对类型 4 真形卡通式和类型 1 传统几何式的注视点个数差异较大,这主要受构图复杂度影响。爱好体育的被试性格大多爽快、率直,在地图符号的选择上倾向于类型 1 传统几何式,而其他形象复杂的类型不符合该类用户的审美要求。

3)类型和搜索方式对首次鼠标单击时间的影响

分析发现,搜索方式为"先看符号、再看注记"的被试的首次鼠标单击时间的均值比其他搜索方式的被试小,也就是说该类被试能够更快地找到目标,并在确认后做出单击行为的决策。由 5.3.4 节讨论中提到的 Paivio 和 Nelson 的观点可知,图片具有双重编码,视觉特征区分度较大,与字词相比比具有记忆优势效应。首先,人眼对图形符号比文字敏感,符号的色彩和构图比文字识别快,能够在第一时间进入人眼而被觉察到,因此首次进入时间较短。其次,被试依次经历了注意、识别、判断等信息加工认知过程,在注记文字为符号判别提供证据的同时,被试的潜意识里也将符号认知的结果与记忆、经验、知识等心象进行比对,两者的结果互相印证,因此不需要再把视线转移到 AOI 外的符号去寻求同类依据,减少了注视次数,所以采用该类搜索方式的被试整体认知时间较短。

5.4.4.3 客观因素的影响作用分析

本实验对使用地图的客观因素进行了简化,只研究了测试时间及其与类型的交互作用对目标搜索效率的影响。而本实验中测试时间差异的实质是白天和晚上的光线条件不同。经方差分析可知,测试时间对首次进入时间的影响差异显著,由均值可知,白天在自然光照明条件下的首次进入时间均值为 3.987s,而晚上在荧光灯照明条件下的首次进入时间均值为 9.021s。

出现差异的主要原因是:在夜晚条件下,实验室的光线主要来自荧光灯管,经光度计测量,其光通量大约为 300lm(流明/面积)左右,远远低于白天自然光线的光通量。本实验在保证被试能够清晰阅读显示器屏幕的前提下,适当放宽了对光线的限制。有研究表明,环境光线会影响人眼对色彩的区分能力,照射在屏幕上的强光会在将明暗区域的差别"冲洗"掉之前先将色彩"冲洗"掉[182]。而对首次进入时间影响最大的就是符号的色彩。经计算，测试时间对总注视时间的影响不显著，测试时间，也就是测试的光线条件，影响了被试对色彩的敏锐度，但对被试从注意到决策的信息加工过程没有显著影响。

5.4.5 专家与新手动态认知过程的实时监控与对比分析[①]

通过实验发现，多数被试对目标点的搜索路径并不是完全水平或垂直的，而是与水平方向呈一定的角度，角度大小跟符号尺寸大小和眼睛余光的利用有关[178]。视线轨迹可以分为全局-局部式和 Z 字型逐行扫描式两种模式。一般来说，对地图较为熟悉的人大部分采用第 1 种模式，这与自下而上和自上而下相结合的信息加工范式的心理过程有关；对地图较陌生的人更容易被素材引导，大多采用第 2 种逐行扫描式的加工方式。下面是专家与新手在寻找目标的过程中在各个典型时间点的视线轨迹对比。

7s 时，专家视线已经进入 AOI 的目标区域，完成了对目标的视觉感知和注意，眼跳距离大、视线有序、规律性强，注视点大多分布在符号上；而新手的视线还集中在屏幕上半部分，以 Z 字型逐行扫描的方式寻找目标，眼跳距离小、视线凌乱、无效注视较多。

9s 时，专家的视线又移出了 AOI 的目标区域，与左侧就近的符号进行对比，来判别、验证目标的正误；而新手的注视点却停留在了与目标无关的超市符号上，两者的注记名称和符号设计都有很大区别，排除误认的可能后，认为新手进行了无效注视。

10s 时，专家的视线对 AOI 的目标区域内的目标进行了二次回视，并完成了心理确认决策和单击操作；而新手的视线此时还过久地停留在超市的小推车符号上，没有找到目标。

16s 时，新手的视线终于进入 AOI 的目标区域，整整比专家的首次进入时间落后了 9s。可见专家的总注视时间和搜索时间更短、搜索效率更高。

纵观专家和新手全部完成单击操作后完整的视线轨迹图，可见新手在视线进入目标区域后，并没有辨认出目标符号，而又将视线移出了目标区域，向左上方

---

① 相关研究成果在 2020 年 Springer 出版的《Spatial Synthesis》P.439 页中引用。

移动，在那里形成多个注视点之后，还是进行了误认目标的错误单击。可见专家搜索的正确率也要高于新手。

从整个搜索过程来看，专家的眼跳距离更大、总注视时间更短、搜索效率和搜索正确率更高，在使用全局搜索方式发现目标后，进行了局部检视和确认，保证了单击目标的正确性。专家在长期的地图使用过程中积累了一定的经验，并且对符号的表达方式和组织规则都有一定的心象，因此容易采用自下而上与自上而下相结合的信息加工范式搜索目标。专家对符号的有效注视不仅受符号的影响，还加入了专业知识和经验，在两者的共同作用下提高了搜索效率。新手的注视点部分落在了地图上的空白区域或居民地面状符号上，而实验指导语中明确指出了目标是一个"点"，说明新手并没有地图点状、线状、面状符号的概念。另外，新手的视线凌乱，眼跳距离小，采用低效的 Z 字型逐行扫描的眼动模式寻找目标，并且完全受自下而上的素材引导，对无关的超市符号进行了仔细辨认。由于实验中符号的设计经过了符号认知辨别实验、符号认知排序实验和符号成图评价实验，所以符号设计较为科学、差别较大，新手最后的单击错误是因为他们与专家的模式识别范式不同。

区域激活模型（Area Activation Model，AAM）认为，视觉搜索中眼跳的作用是将刺激移到中央凹，并为下一个注视点的信息加工提供尽可能多的信息。任务难度影响视觉搜索的有效刺激广度[68]。关于专家与新手眼动模式的讨论还存在很多争议。早在 20 世纪 40 年代末，Fitts 就发现了专家和新手之间的扫视差异。近年发展起来的专家-新手范式（Expert-novice Paradigm）是眼动研究人员经常采用的方法。例如，柳忠起等[101]指出，专家处理信息的过程和认知过程趋向于程序化、自动化，更多地使用自上而下高效率的信息处理方式，他们的眼动模式具有较低的心理负荷，信息提取、编码、决策等都要快于新手，能对信息进行模块化处理，有充足的时间及时调整偏差，精确单击目标。新手由于缺乏训练，所以更多使用自下而上的信息扫视策略。他认为，专家搜索效率更高，注视时间更短，注视点更多，扫视模式更快、更频繁、范围更广；新手搜索和定位时间长，需要较长时间的注视才能感知、提取信息[101]。廖彦罡通过对比实验进一步得出，在没有明确任务时，专家与新手相比，专家注视次数更少、注视持续时间更长、注视范围更广、注视点少而分散、扫视较少;在有明确任务时,专家由于具有较好的组块技能,所以注视持续时间更短、注视次数和注视点更多、眼跳距离更大。

地图阅读不仅有视觉心象的记忆,还与语言记忆规律有密切关系。实际上我们就是把地图符号当成一种语言符号来处理的[177]。一些对阅读熟练程度的眼动研究发现,在阅读中语境是很重要的,对初学的阅读者来说更重要,他们在进行自下而上的特征驱动阅读时存在困难,无法进行无意识的无语境识别,因为初学的阅读者和熟练的阅读者在阅读时的神经通路是不一样的[180,182]。这里的语境等同于我们研究中的地图影响因素。由此得到启示,要想较快地获取目标的位置信息、提高地图搜索效率,一方面要扩展用户的地图知识,对用户进行自上而下的专业化扫视训练;另一方面要充分考虑地图使用的复杂影响因素,提高地图可视化的个性化设计水平,以自下而上的认知方式引导用户进行注意力的高效分配。

5.4.6 眼动实验法优越性的比较分析

由本书实验方法的介绍部分可知,眼动实验法具有客观、实时的特点,并且能够同时提供定性和定量的依据,在地图学研究中具有问卷调查法、主观评价法等方法不具备的优势。以下分析也证明了这一点。

1. 实验 2 的符号类型选择与实验 1、问卷 2 结论的不一致性分析

在实验 2 中,20~39 岁年龄段的人群对立体阴影式符号的总体认知效果要优于实验 1。虽然两者都以目标点为任务,但区别在于实验 1 是对地图整体效果的测试,实验 2 是对地图符号的测试。实验 1 的 AOI 内,地图底色和符号尺寸也有变化,眼动参数受地图整体变化的影响;而实验 2 中地图底色和符号尺寸保持一致,保证了眼动/行为参数的差异只由符号类型引起。经分析,实验 1 可能是因为符号类型与地图背景的颜色差异较小影响了被试对符号图形的认知,这说明地图要素之间的组合不能随意而为,要有专业知识、经验知识等规则的干预。

另外,实验 2 重点对影响因素及其与地图要素的交互作用进行了探索性研究,因此对地图进行了理想化处理。而就地图要素对认知效果的影响而言,实验 1 和问卷 2 的结论普适性更强。

2. 显著影响因素与问卷结论的不一致性分析

在问卷 2 中，对符号类型有显著影响的有年龄、教育水平、地图熟悉程度和色彩偏好 4 个因素；而在实验 2 中，很多因素都对符号类型的认知过程有影响。经仔细分析发现，这主要是因为问卷 2 和实验 2 的研究目的和研究粒度不同。问卷 2 的研究目的是找出哪些因素对符号类型的选择有显著影响，关注的是认知的结果；而实验 2 的研究目的之一是揭示符号类型认知过程的每个阶段各有哪些因素产生了影响。某些因素在觉察度、理解度等认知维度上可能对符号类型的认知产生了影响，但是从整个认知过程来看，不及年龄、教育水平、地图熟悉程度和色彩偏好这 4 个影响因素的影响大，因此被掩盖掉了。要实现完全的自动化、智能化、自适应地图设计，不仅要理解认知的结果，还要理解认知的过程，这样才能时刻满足用户的个性化需求。为满足这些需求提供理论支持，也正是我们对每个认知阶段进行实时监控和细粒度分析的意义。

3. 首次鼠标单击时间与主观评价的不一致性分析

在测后符号成图评价中，类型 2 立体阴影式和类型 4 真形卡通式的美誉度较高，但是类型 2 立体阴影式在眼动实验中的总体表现却比较差。可见眼动测试的结果并不总与问卷结果一致。这可能是因为立体设计比较符合时代潮流趋势，被试出于复杂的社会心理，如有意要体现出自己的时尚，在问卷中对自己的主观选择进行了有意识的控制。与问卷调查法的结论相比，眼动实验法的结论更加客观，这主要体现在：在眼动测试中，我们设计的显式任务是查找目标点，而实际关注的是符号类型设计的好坏，对此被试并不知情。因此在实验中，被试首先考虑的是尽快完成目标点查找任务，此时对不同类型符号的使用没有心理干预和认知负荷，隐式表现出来的符号选择倾向才更加真实、有效。这样的实验设计与我们在实际生活中使用地图的情形也比较接近。因为除制图人员有目的地收集地图进行研究之外，一般用户使用地图的目的不是专门评价符号或者地图设计的好坏，而是利用地图的某个功能，完成某种与地理空间信息相关的任务，如地物搜索就是其中最常用的功能之一。

4. 被试实际搜索方式与问卷结论的不一致性分析

通过对 3 个 AOI 之间眼动指标的比较,能够挖掘出更多的有用信息。例如,通过对 3 个 AOI 内的眼动指标的比较发现,部分被试在实际眼动测试中并没有采用自己认为的搜索方式,但是其整体上的习惯是一致的。以首次注视时间为例,某被试在测后问卷关于搜索方式的题目中选择了先注记再符号,但是在眼动记录中的首次注视时间上来看,他的视线进入 AOI1 大兴趣区的时间与进入 AOI3 符号区域的时间同为 1.24s,而进入 AOI2 注记区域的时间为 0。这说明被试从开始注视目标区域起,他的注视点一直在符号周围,而从未到过注记区域。对此有两种可能的解释:第 1 种解释是被试并不了解自己的行为方式或心理过程,这也从另一个侧面体现出眼动测试的客观性及其对认知心理过程的实时监控作用;第 2 种解释是被试在测试开始时,虽然对符号进行了注视,但是先利用边缘视觉对注记进行了初步加工。具体是哪一种情况要通过出声思维法及测后访谈法确定,对认知心理学的测定需要多模态交叉证据。

通过以上分析可以看出,眼动实验法不但能够用于对个性化地图认知影响因素的叠加作用、地图要素与影响因素的交互作用进行定量分析,还能够对个性化地图认知过程进行定性的实时监控,另外对于个性化地图认知机理研究,具有问卷调查法和主观评价法不具备的优势。综合利用出声思维法、测后访谈法等实验方法,可为眼动实验的结论提供交叉证据。

5.5 本章小结

本章先对地图视觉认知过程、个性化地图的认知阶段进行了研究,并对个性化地图眼动实验多维域进行了阐述,提出了认知域内的眼动-认知表征模型;然后以地图认知适合度评估研究中的地图图片为素材,判别选取属于 Class 1 的被试,通过眼动实验 1 获取了首次进入时间、首次注视时间和首次鼠标单击时间等眼动(行为)参数,以及眼动热点图、镂空热点图和眼动-认知雷达图等可视化图形,综合分析考察了认知适合度评估模型的正确性。

针对实验 1 中首次注视时间分析的歧义性，选取符号类型与各种影响因素交叉设计了双因素混合实验 2，对个性化地图认知影响因素的叠加作用、地图要素与影响因素的交互作用进行了探索性研究和细粒度分析，基于认知心理学理论中自下而上和自上而下相结合的信息加工范式解释了两个眼动实验中的个性化地图认知差异；通过对专家与新手的眼动轨迹进行实时对比分析，说明了眼动实验对个性化地图动态认知过程的监控作用；通过对眼动实验法的结论与问卷调查法和主观评价法的结论的比较分析，说明了眼动实验法具有能够客观、实时地提供定性和定量依据的优点。

眼动实验 2 中的个性化地图认知影响因素叠加作用的细粒度分析、地图要素与影响因素交互作用的探索性研究，以及个性化认知过程的实时监控，是本书的重点和难点。

第 6 章

个性化地图设计原则及实例验证

个性化地图认知因素分析、认知适合度评估、认知差异监控的最终目的都是更好地指导地图设计及实践应用。本章基于认知机理研究提出了个性化地图的设计原则和设计流程,并说明了该设计方法与传统设计方法相比的先进之处。本章还设计制作了个性化地图模板,并通过系统开发实例说明了个性化地图的设计原则和设计流程的实践应用方法。

6.1 基于认知机理的个性化地图设计原则

地图设计就是先按照视觉感受理论和地图设计原则[176],根据用户需求建立心象,然后使心象具象化,再通过对制图方法、视觉变量的选择[7]给出几种可视化方案,并选出最佳设计方案。对个性化地图认知机理进行研究的最终目的是指导个性化地图设计,提高个性化地图的可用性。通过实验分析,可以总结出以下个性化地图的设计原则。

1. 整体性原则

由问卷1可知,个性化地图认知过程是一个人、图、环境综合作用的过程。

因此，个性化地图设计应该从地图要素设计与适合度评估两个方面进行考虑，应特别注意地图设计与用户特征、环境情景等影响因素的匹配问题。由于用户既是地图的需求者和使用者，又是地图的认知者和评价者，所以个性化地图设计应该重点考虑用户因素的影响。

2. 适人性原则

由问卷 1 分析结果可以看出，非专业用户与制图者对于注记、面状符号色彩、整体风格等要素的心象存在偏差。随着对地图熟悉程度的提高，用户逐渐具有地图图层划分和符号划分的概念，对地图要素的认知逐渐由符号、色彩、整体向专题图层、底图图层内的点状、线状、面状符号迁移。因此，在面向非专业用户的个性化地图设计中，注记设计与符号设计应同时进行，并应注意将符号的构图、色彩、大小、密度与注记的字体、字色、字号、排列等设置统筹考虑；在进行色彩设计时，应注意面状符号色彩与底图色彩、整体风格色彩之间的协调搭配。

3. 阶段性原则

要实现完全的自动化、智能化、自适应地图设计，不仅要理解认知的结果，还要理解认知的过程。眼动实验研究发现，众多的地图认知影响因素在认知过程中产生影响的阶段是不同的。因此，应该依据用图目的和用图过程进行个性化地图设计，还应考虑到用图目的引起的地图感知速度、引起注意程度、理解难易程度、确认执行程度的不同，以提供更加精细化的地图服务。例如，抢险救灾等应急地图的感知度和注意度最为重要；旅游分布地图的时间性要求不是很强，但是理解度、确认度较为重要。这就要求我们给出相应的个性化地图设计方案。另外，某些因素在觉察、理解等地图认知过程中可能产生了影响，但是从整个认知结果看不及其他因素产生的影响大，因此它们的影响被掩盖掉了。

视觉认知的第一印象来自色彩，因此重要内容和符号的色彩设计要鲜明、醒目，以加快被感知的速度，并且要通过与底图色彩的对比设计突出符号的内容。符号样式和符号尺寸的设计要合理、美观，并且尽量与用户的色彩偏好特点一致，以在认知开始的初级阶段牢牢抓住用户的注意力。另外，用户对地图认知的敏锐度受时间和光线影响，但与最终认知效率的关系并不显著，因此导航等地图的设计应该有昼夜的区别，还应加入对环境因素的考虑，但是不用担心地图在夜晚的整体认知效果，设计优秀的夜晚地图也能给用户带来良好的认知体验。

4．分解性原则

由问卷 2 可知，不同地图要素的认知效果受不同因素的影响。要知道某个地图要素受哪些因素影响，在设计地图时就要充分考虑到各种影响因素的特征。在设计地图要素时，设计者不能仅凭某一种影响因素进行所有选择。例如，对注记字体有显著影响的是年龄和教育水平，那么在进行注记字体设计时，就要充分考虑用户的年龄层次和教育水平，为老年用户设计地图时应以清晰易读为原则，不宜选用楷体、隶书等艺术性字体进行设计；但是年龄对布局类型没有显著影响，因此在进行布局类型设计时不需要过多考虑年龄因素。地图要素的显著影响因素表如表 6.1 所示。

表 6.1 地图要素的显著影响因素表

地图要素	显著影响因素
整体风格	年龄、地图熟悉程度、教育水平、色彩偏好
底图色彩	教育水平、色彩偏好、年龄
面域色彩	年龄、色彩偏好、地图熟悉程度、常用地图网站
符号类型	年龄、教育水平、地图熟悉程度、色彩偏好
注记字体	年龄、教育水平
符号尺寸	地图熟悉程度、色彩偏好、年龄
鹰眼位置	职业、地图熟悉程度
布局类型	性别、教育水平
工具样式	年龄、色彩偏好、地图熟悉程度、兴趣爱好

5．综合性原则

在基于问卷 2 的地图认知适合度计算过程中，得出符号类型与所有用户因素的匹配关系（见表 6.2），这些结论可以作为个性化地图符号设计的参考依据。例如，假定个性化用户是男性、公务员，由表 6.2 查得，男性和公务员特征对应的都是传统几何式符号，因此传统几何式符号是最适合这一人群的符号类型。由于这一人群普遍具有理性，追求简洁、高效的性格特征，因此构图简单、熟悉易懂的传统几何式符号是符合他们的认知规律的。

表6.2 符号类型与所有用户因素的匹配关系汇总表

影响因素	因素值域	适合的符号类型
P1 性别	男	1—传统几何式
	女	3—边框背景式
P2 年龄	19岁（含）以下	4—真形卡通式
	20~29岁	1—传统几何式
	30~39岁	3—边框背景式
	40~49岁	2—立体阴影式
	50岁（含）以上	1—传统几何式
P3 职业	教育工作者	3—边框背景式
	公务员	1—传统几何式
	工人	2—立体阴影式
	商人	2—立体阴影式
	学生	4—真形卡通式
	军人	1—传统几何式
	其他	1—传统几何式
P4 教育水平	高中及以下	4—真形卡通式
	大学本科	2—立体阴影式
	硕士	3—边框背景式
	博士	1—传统几何式
P5 地图熟悉程度	地图专家	1—传统几何式
	经常使用	1—传统几何式
	一般熟悉	3—边框背景式
	偶尔使用	2—立体阴影式
	新手	4—真形卡通式
P6 色彩偏好	白	1—传统几何式
	绿	3—边框背景式
	灰	2—立体阴影式
	红	4—真形卡通式
	其他	1—传统几何式

续表

影响因素	因素值域	适合的符号类型
P7 兴趣爱好	体育	2—立体阴影式
	音乐	3—边框背景式
	史地	1—传统几何式
	美术	4—真形卡通式
	其他	4—真形卡通式
P8 常用地图网站	高德地图	3—边框背景式
	谷歌地图	3—边框背景式
	百度地图	1—传统几何式
	搜狗地图	4—真形卡通式
	其他	2—立体阴影式

6. 适度性原则

眼动实验研究发现，符号的个性化设计还要遵循适度、分类原则，并不是越花哨越好。立体和过渡色等新颖的符号设计方法具有一定风险性，其个性化认知效果还有待验证。例如，采用过渡色和阴影效果来突出立体感的立体阴影式符号适用于为年轻人设计的地图，但是由于这样的构图清晰度较差，因此并不适合在为中老年人设计的地图上使用；新手和专家的专业知识结构不同，为他们设计的地图在表达方式、操作复杂程度上都应该有所不同；符号设计还要考虑用户的兴趣爱好、区域经验等很多因素，但是不需要特别考虑性别因素。

7. 逻辑性原则

眼动实验研究发现，符号设计的认知效果要放在地图中进行测试，单独认知效果较好的符号设计放在地图中并不一定实用。例如，立体阴影式符号比较美观、时尚，在问卷 2 中获得的主观评价也较高，但是由于其符号构图复杂、不够清晰，因此绘制在地图上实际应用时，没有得到老年被试的认可。另外，地图设计与图片设计不同，同类符号设计要有相似性，异类符号设计要有差异性，这种关系和逻辑性能够帮助用户在比对、检视的过程中理解符号语义，提高认知效率。

8. 实用性原则

在设计地图时，不能为了强调符号、色彩等设计而影响地图的浏览、查询、量算等功能的发挥。用户使用地图的目的不是把地图当成艺术品欣赏，而是使用地图完成一定与地理信息相关的任务。眼动实验中目标点搜索任务的设置与实际使用地图的情形相近，所以实验结论具有一定应用价值。

6.2 个性化地图设计流程及特点

通过 2.1.3 节和实验分析的叙述可知，个性化地图具有与一般地图不同的特点。在设计原则的指导下，个性化地图的设计流程也与一般地图有所不同。

6.2.1 个性化地图的设计和服务流程

由个性化地图的特点可知，其设计过程中用户的参与程度更高，通过智能交互提升了用户的主体地位。对于新用户和新环境，除他们的属性特征外，我们一无所知，而个人和环境属性并不能直接映射出他们的地图喜好。因此，要想在减少用户负担的前提下设计并推荐个性化地图，只能依赖于具有类似特征的用户群体的地图匹配经验[154, 180]。用户对地图的熟悉程度既是用户的特征因素，也是交互方式的决定因素。因此，本书基于认知机理研究结论提出的个性化地图设计与服务流程既包括一般地图的设计流程，也包括面向不同地图熟悉程度的用户的地图修改分级策略，还包括通过模型动态更新机制，最终达到精确设计个性化地图的目的。个性化地图的设计和服务流程具体如下。

（1）用户模型建立。先针对部分用户样本建立用户信息库，然后对用户进行聚类，根据聚类中心建立用户模型库。

（2）个性化地图原型匹配。先为每个聚类中心建立与之匹配的个性化地图要素模板库，并按照地图认知因素优化模型将模块组合成模板，再将模板组合成地图原型，并对地图原型按其对聚类中心的适合度进行排序。在模板和原型的组合过程中要进行知识干预和筛选。

（3）归属聚类中心判别。将主客观影响因素特征录入情境知识库，并对用户和环境影响因素归属于哪个聚类中心进行判别，将其归入距离最近的聚类中心。通过制图软件录入、注册等手段收集用户信息；通过传感器传感等手段收集时间、昼夜、光线等环境信息；通过计算机自动对显示屏尺寸、分辨率等载体信息，以及单击、收藏反馈、交互频次、搜索方式等用户交互行为进行记录。

（4）初始地图推荐。根据个性化地图对聚类中心的认知适合度推荐地图。将适合度最高的地图作为默认推荐的个性化地图。

（5）地图修改分级策略。当面向非专业用户时，将适合度优先的其他地图原型作为备选方案，当默认地图不符合用户需求时，通过简单选择实现整张地图的更换；当面向专业用户时，另外提供模块和模板的选择，以及自主修改工具，允许用户对匹配度优先的其他模块进行选择，或者根据自己的专业知识重新进行设计，对不符合专业知识的修改方案给出提示。

（6）模型动态更新机制。将新加入的用户信息和所选模板、地图分别录入用户信息库和地图模板库、地图原型库中，对用户模型库中的聚类中心重新进行计算，以实现用户模型和个性化地图适合度的动态更新，逐步扩充样本、丰富类型、修正模型，最终使地图实现智能化、自动化。

6.2.2 与一般地图设计流程的不同特点

与一般地图设计方式相比，基于认知机理研究的个性化地图设计具有以下优点。

（1）用户的主体地位更加突出，对制图过程的参与程度也更高，交互性更强。而且因为需求提出之前已经有了合适的用户模型和模板匹配方案，交互讨论的对象更加具体，解决了非专业用户对需求描述不准确、用户信息稀疏等冷启动问题。

（2）将模块与模板组合生成地图原型的过程提前至用户需求出现之前，将用户模型与个性化地图适合度的动态更新放到个性化地图推荐结果完成之后，注重平时对模型库的建设和更新。在个性化地图设计过程中，只经过对影响因素的简单判别就能够直接出图，而不需要针对用户的个性化需求进行多次交互，缩短了制图周期，降低了用户的认知负荷，提高了地图设计效率。

（3）每种地图要素模板的设计都考虑了聚类中心显著因素的影响。模板组合、原型设计经过了知识干预，虽然在技术上还不能实现完全自动化，但是在一定程度上体现了智能化地图设计的思想。

（4）地图修改分级策略考虑了用户专业程度的差异，具有一定的自由度和灵活性，可以满足不同程度的地图服务需求。

（5）动态更新机制使用户聚类模型越来越准确，使模板和地图的个性化选择越来越接近真实情况，可以满足更多的个性化应用场景，达到精细化服务的目的。

6.2.3 干预知识的来源

知识是通过各种方式把多个信息关联在一起的信息结构，具有真实性、相对性、不完全性、模糊性、可表示性，可分为事实、规则、规律 3 类[199]。在个性化地图设计流程中，模块组合成模板、模板组合成地图、专业用户的修改提示等都需要有知识的干预。干预知识主要来自以下 5 个方面。

（1）物理常识：归纳生活中的常识知识，检验设计的合理性。

（2）文献分析：通过分析文献汇总已有的理论成果，总结传统地图理论中的设计知识和设计原则，检验设计的规范性。

（3）专家经验：对专家的评价和意见进行咨询，建立专家知识规则，检验设计的专业性。

（4）主观评价：通过问卷调查法等方法请被试打分，对调查结果进行频次计算或多元统计分析，检验设计的适人性。

（5）实验知识：通过认知实验法或眼动实验法等具有可操作性的实验方法，检验设计的客观性。

通过以上知识的干预，保证了个性化地图设计的合理性、规范性、专业性、适人性和客观性。

6.3 个性化地图要素模板设计

按照个性化地图认知因素优化模型,将设计要素分为风格色彩、符号注记、布局工具几大类,分别建立模板库。每个模板库包含多个子模板库,每个子模板库包含多个不同的模块,模块之间通过组合构成模板,最终模板组合成地图原型,构建了"模板库-子模板库-模块-模板-地图"的5层结构模型(见图6.1)。其中,模板库和子模板库具有可扩充性。

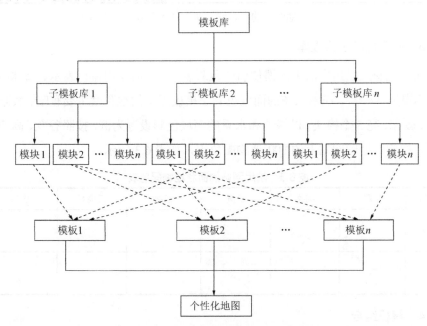

图 6.1 个性化地图设计的 5 层结构模型

6.3.1 地图风格色彩模板库设计

参考各问卷及眼动实验中各要素的水平设置,地图风格色彩模板库由整体风格、底图色彩、面域色彩等子模板库组成。

1. 整体风格子模板库

整体风格子模板库中包含清新淡雅型、活泼热烈型、卡通可爱型、复古写意型、深沉稳重型 5 个模块。

2. 底图色彩子模板库

底图色彩子模板库中包含白、绿、灰、红、黄 5 个模块。选取百度地图中的白、绿、灰、红 4 种底图色彩作为参考，底图色彩模板设置如图 6.2 所示。

项目	白	绿	灰	红
红	255	239	244	246
绿	255	248	243	230
蓝	255	245	238	230

图 6.2　百度地图中的白、绿、灰、红 4 种底图色彩参考

3. 面域色彩子模板库

面域色彩一般用生活中习惯使用的色彩表示，如河流用蓝色表示、园林用绿色表示[11, 15, 172, 176]。在本系统的面域色彩子模板库中的饱和度主要有暗、较暗、中等、较亮、亮 5 个模块。以绿地和水系的面域色彩设置为例，按照谷歌、高德、百度、搜狗等地图网站上的面状地物配色表，如表 6.3 所示。

表 6.3　常用网站的面状地物配色表

类别	谷歌	高德	百度	图吧	天地图	搜狗
绿地						
水系						

4. 模板组合

将清新淡雅型整体风格模板、红色调底图色彩模板、饱和度较暗面域色彩模板组合成风格色彩模板 1；将复古写意型整体风格模板、黄色调底图色彩模板、饱和度暗面域色彩组合成风格色彩模板 2；等等，不同风格色彩模板的认知效果有很大不同。模板 2 的面状地物中的绿地选用了较浅的绿色设置，在偏绿的地图底色中并不突出，色彩对比较模板 1 稍差。

6.3.2　地图符号注记模板库设计

参考各问卷及眼动实验中各要素的水平设置，地图符号注记模板库由符号子

板库和注记子模板库两部分构成，两个子模板库分别由类型（字体）、尺寸（字号）、密度（间隔）等模块组成。

1. 符号子模板库

符号子模板库由类型、尺寸、密度等模块组成。类型包含传统几何式、立体阴影式、边框背景式、真形卡通式等 4 个模块；尺寸包含小、较小、中等、较大、大 5 个模块；密度包含稀疏、较稀疏、中等、较密集、密集 5 个模块。

本书设计的符号子模板，通过了符号认知辨别实验、符号认知排序实验和符号成图评价实验（详细过程参见 4.3.1.2 节），具有一定的科学性。符号模板设计（部分）如图 6.3 所示。

图 6.3　符号模板设计（部分）

2. 注记子模板库

注记子模板库由字体、字号、间隔等模块组成。字体包含宋体、隶书、黑体、楷体等 4 个模块；字号包含小、较小、中等、较大、大 5 个模块；间隔包含远、较远、中等、较近、近 5 个模块。

3. 模板组合

符号与注记模板组合实例如表 6.4 所示。由设计实例可以看出，模板 2 的效果较差，主要问题是符号的尺寸与注记的字号大小不协调；模板 3 注记的字体采用了字号较小的隶书，不够清晰。

表 6.4 符号与注记模板组合实例表

模板	类型	尺寸	字体	字号	设计实例
模板 1	传统几何式	小	宋体	小	汽车站
模板 2	立体阴影式	小	楷体	大	烈士陵园
模板 3	边框背景式	大	隶书	小	步行街
模板 4	真形卡通式	大	黑体	大	景点

6.3.3 地图布局工具模板库设计

参考各问卷及眼动实验中各要素的水平设置，地图布局工具模板库由布局子模板库和工具子板库两部分构成，这两部分又分别由类型、风格、位置、尺寸等模块组成。

1. 布局子模板库

布局子模板库的布局类型包括同字型、可字型、亘字型、反可型、冂字型等 5 个模块；布局风格包括 XP 风格、Win 7 风格、苹果 iOS 风格、知性风格、稳重风格等多个模块；位置指地图位置，包括左上、左下、右上、右下、中间 5 个模块；尺寸指地图窗口的尺寸，包括小、较小、中等、较大、大 5 个模块。

1）布局类型

布局类型设计如图 6.4 所示。

(a) 同字型　　　　　(b) 可字型　　　　　(c) 亘字型

图 6.4 布局类型设计

(d) 反可型　　　　　　(e) 匚字型

图 6.4　布局类型设计（续）

2) 布局风格

布局风格设计如图 6.5 所示。

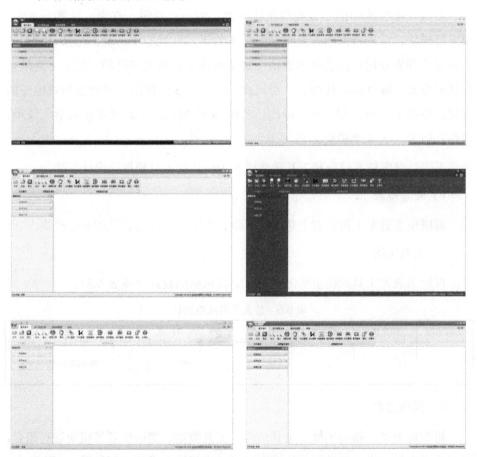

图 6.5　布局风格设计

图 6.5 布局风格设计（续）

2. 工具子模板库

工具子模板库中的工具类型包括放大、缩小、漫游、查询、量算、查询、鹰眼等模块，常以群组的工具箱或工具条的形式在地图中出现，可以分别为非专业用户和专业用户提供基本的地图浏览操作工具或全部高级工具。工具风格包括组合式、标注式、传统式、滑尺式、量尺式 5 个模块；位置指相对地图的方位，包括上、下、左、右、浮动、关闭 6 个模块；工具尺寸包括小、较小、中等、较大、大 5 个模块。

下面以鹰眼位置模板和工具风格模板为例说明工具模板的设计方法。

1）鹰眼位置

鹰眼位置有左上角、右上角、左下角、右下角、浮动、关闭 6 个模块。

2）工具风格

以地图放大工具风格说明工具条中工具风格的设计（见表 6.5）。

表 6.5 放大工具风格设计

工具风格	组合式	标注式	传统式	滑尺式	量尺式
实例	🔍	🔍放大	⊕	━━━━	━━━━

3. 模板组合

将布局类型、布局风格、工具风格、工具数量、鹰眼位置等模块进行组合，可以生成多种布局工具模板。地图布局工具模板组合设计实例如图 6.6 所示。

 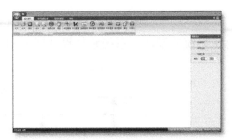

图 6.6　地图布局工具模板组合设计实例

6.3.4　多媒体模板库扩展

考虑在实际使用过程中，地图上除了有属性信息，还有一些照片、视频、动画等多媒体信息，甚至还有网页、论坛等链接，将这些内容扩展性的信息统一归入多媒体模板库。

多媒体模板库由类型、位置、尺寸等子模板库组成。

多媒体模板库的类型子模板库包括照片、视频、动画、网页等 4 个模块；位置子模板库包括地图上展示、地图外链接、随意拖动控制 3 个模块；尺寸主要指多媒体播放窗口的尺寸，尺寸子模板库包括小、中等、大、全屏 4 个模块。模块之间的组合构成多媒体模板。例如，视频、随意拖动控制、全屏组合生成的多媒体模板等。

6.4　系统设计实例及效果评价

本节在个性化地图认知机理与设计方法研究的基础上，开发出个性化地图可视化试验系统，对个性化地图认知机理和个性化地图设计原则与方法进行了验证。

6.4.1　总体设计

采用 UML 建模，利用或参照情境信息采集、多维情境建模、情境模型匹配与动态更新、参数化模板组合、知识存储与管理、个性化定制推荐、实时干预与动态约束、预判反馈与自评价等技术，根据软件工程模块化和流程化基本思想进行了系统的设计。系统整体设计图如图6.7所示。

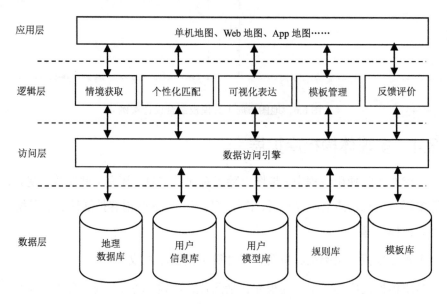

图6.7 系统整体设计图

6.4.2 功能框架

个性化地图可视化试验系统相关功能模块分为情境知识获取模块、个性化匹配模块、地图可视化表达模块、地图模板管理模块、系统评价反馈模块。情境知识获取模块主要用于实现对多维情境的获取和存储，包括主观和客观情境获取，具体包括用户基本信息获取、用户实时行为监测、用图目的监测、系统显示状况监测、时间环境监测等功能；个性化匹配模块包括多维情境建模、地图内容匹配、地图要素模板匹配、地图原型匹配等；地图可视化表达模块包括默认模板推荐、动态约束控制、模板即时记录、原型知识修正等；地图模板管理模块包括地图要素模板库、地图原型模板库、地图工具模板库、多媒体模板库等；系统评价反馈模块包括地图原型匹配度评价、反馈记录及迭代更新、系统自评价等（见图6.8）。

第6章 个性化地图设计原则及实例验证

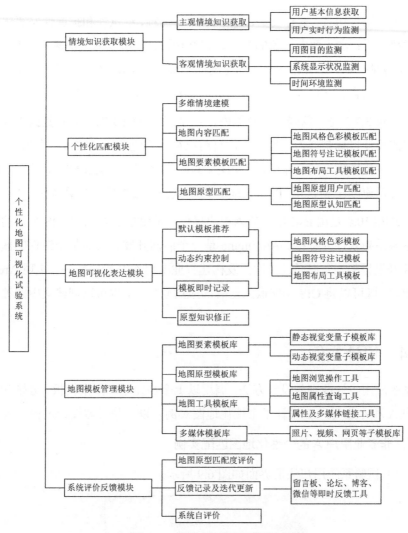

图 6.8 系统功能框架设计图

6.4.3 技术方案

系统开发环境如下。(1)操作系统:Windows 7 SP1。(2)开发环境:安装.Net Framework 4.0。(3)开发软件:Visual Studio 2010。(4)开发语言:C#,JavaScript。(5)数据库软件:SQLite 3.7.3。(6)地图发布软件:ArcGIS 10.0。

C#是微软公司发布的一种基于.Net Framework,由 C 和 C++衍生出来的一种面向对象的编程语言，具有安全、稳定、简单、优雅、继承性和扩展性好等优点。它的优势在于：由于面向对象的简单语言结构设计，所以编写快速、高效，并且使用 C#构建的各类组件，可以方便地进行转换，为 XML 网络服务，从而使它们可以由任何语言在任何操作系统上通过 Internet 快速、高效地调用。

SQLite 3.7.3 是一款轻型的数据库，也是遵守 ACID 的关联式数据库管理系统，它的设计目标是嵌入式数据库，目前已得到广泛应用。它占用资源非常少，能够支持主流操作系统，可与 C#、PHP、Java 等多程序语言相结合，具有 ODBC 接口，处理速度比 Mysql、PostgreSQL 这两款开源数据库管理系统快。

ArcGIS 10.0 是由 Esri 出品的为用户提供可伸缩的、全面的 GIS 平台的地理信息系统系列软件的总称。ArcEngine 是一个面向开发人员的基于组件的嵌入式的 GIS 开发框架，允许通过二次开发构建行业专用 GIS 应用软件，实现 ArcMap 的功能。它既可以将 GIS 功能嵌入已有的应用软件中，也可以创建集中式独立应用软件。

6.4.4 设计实例

系统应用设计原则与设计方法，调用以上个性化地图要素模板，分别为非专业用户 A 和专业用户 B 设计了个性化地图实例，以下是具体设计过程。

1. 非专业用户 A 的个性化地图匹配实例

（1）试验系统用户注册界面如图 6.9 所示。

图 6.9　试验系统用户注册界面

(2)对用户进行判别分析,归入某聚类中心,自动调用与该聚类中心匹配的初始个性化地图,并将与该聚类中心匹配度较高的地图要素模板写入模板定制区。至此,只是将该用户所在用户类适合的地图呈现出来,完成了对用户所属用户类的模糊匹配。但是同属于某一类的用户的要求也并不总是完全一致的,因此还需要实现对用户个体的精确匹配。

(3)非专业用户A可以直接使用初始个性化地图,也可以调用地图原型库中适合度排序第2位、第3位、第4位的其他地图,对地图整体和界面一起进行更换。由于地图原型库中的地图原型都是经过专业知识干预和筛选的,所以保证了更换地图的视觉效果。对于非专业用户A,系统中适合度最高的是初始个性化地图。当用户选择更换地图时,系统自动将排在第2位的地图推荐给用户,不需要用户进行其他专业的地图操作,减轻了用户的认知负荷和使用负担。如果用户不满意,还可以将系统中自动匹配的排在第3位、第4位的地图依次展示出来。

2. 专业用户B的个性化地图匹配实例

用户信息注册和初始推荐过程与非专业用户A的内容相同,此处不再赘述。为了便于对比,假定A、B两个用户只有专业程度不同,其他情境都相同。在生成初始个性化地图之后,专业用户B可以直接使用初始个性化地图,也可以通过模板定制窗口替换初始个性化地图中的模板,或对组成模板的模块进行定制修改,从而生成精确匹配的个性化地图。对于不符合专业知识的组合,系统会自动给出提示,相应过程说明如下。

1)初始个性化地图推荐

系统自动生成与个性化特征匹配度最高的初始个性化地图。

2)符号类型修改

经专业用户B干预,传统几何式符号改成了真形卡通式符号,修改过程如图6.10所示,系统实时生成修改后的地图。

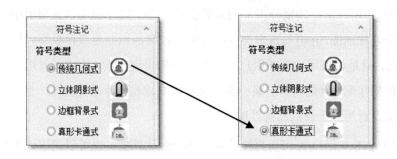

图 6.10 专业用户对符号类型的修改过程

3）鹰眼位置和布局修改

鹰眼位置由关闭改为浮动，专业用户对鹰眼位置的修改过程如图 6.11 所示。

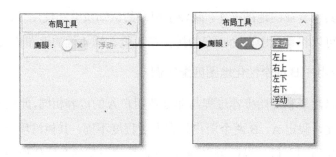

图 6.11 专业用户对鹰眼位置的修改过程

而后，专业用户 B 又对布局进行了修改，将修改窗口的位置从左侧改到了右侧，布局类型由反可型改成了可字型。

6.4.5 效果评价

地图个性化设计与推荐的衡量标准包括自动化程度、持久性程度和个性化程度。自动化程度的衡量是看用户为了得到推荐是否还需要显式地输入信息及输入信息的数量，本试验系统只需要用户显式地输入初始注册信息；持久性程度的衡量是看推荐系统是基于用户当前会话还是多次会话，本试验系统对于非专业用户只需要基于当前会话；个性化程度的衡量是看推荐结果与用户兴趣匹配的程度，本试验系统通过模糊匹配和精确匹配充分考虑了多种情境特征，并且通过对情境模型、地图要素模板和地图原型的自动迭代实现了动态更新。下面采用多种方法对个性化地图设计系统及设计实例效果进行了初步评价。

邀请本校学生、教师、职工15人对系统匹配的个性化地图及系统使用功能进行测试，关注用户使用过程中的舒适度及满意度。其中有一部分人没有地图软件使用经验，但都对个性化地图研究有兴趣。

6.4.3.1 传统方法评价

通过问卷评分、观察法、个体用户访谈法、焦点组讨论法等传统实验方法，对用户使用系统自动推荐的个性化地图及模板、模块的修改情况进行观察、访谈、讨论，实验结果如下。

（1）将系统首视窗口中默认呈现的个性化地图与其他7个没有考虑个性化匹配的系统默认地图随机排列设计成问卷，请用户分别为其打分（总分10分）。从问卷评分结果来看，本系统生成的个性化地图获得的平均分为9.1分，而其他非个性化系统地图的平均分为6.8分，对比明显。可见个性化地图可视化的研究是非常有意义的。

（2）通过观察用户操作，可以看出本书基于问卷和眼动实验计算得出的理论模型还不够精准，很多用户还是使用了模板选择和模块修改工具，但是从用户评分和满意度来看，系统还是能够基本满足用户的个性化需求的。

（3）通过访谈和讨论，得到的用户对系统及其所制作的个性化地图的总体评价良好。

① 系统使用简单、高效，人性化程度较高，用户像在网站注册一样输入个人信息后不需要再进行其他操作就能看到地图。

② 系统个性化匹配的结果基本正确，为不同类型用户提供的不同设计的地图，基本符合用户的自身特点、使用时间和使用环境特征。从用户评价来看，他们对系统默认推荐的地图都比较满意，而且很好奇系统是如何做到的。

③ 系统的自由度较高，具备浏览操作的基本功能，所有用户都能够对系统快速上手。对于不会使用修改工具的用户，系统冗余信息较少，没有出现图层控

制、符号图形修改等过多干扰信息；对具有一定专业知识和地图软件使用经验的用户，系统能够对默认地图进行自主修改，模板选择和模块修改工具基本能够满足需要，且在修改过程中得到了专业知识提示。

④ 用户的建议归纳为：系统提供的修改备选选项还不够丰富，个别选项意义不够明确（如地图风格等），但是给出了几个样图来帮助理解；与完全满足个人要求还有一定偏差。

6.4.3.2 眼动实验评价

选取某位用户，将系统推荐并经过该用户修改后生成的个性化地图与另一张一般地图放在同一页面内，测试用户的兴趣度。两张地图的制图区域、数据来源、符号密度、地图尺寸、比例尺大小、呈现时间和显示载体等都相同，只是符号样式、底图色彩等地图要素的设计和组合方式不同。实验结果是：在用户和知识的干预下，由本系统生成的个性化地图吸引了更多用户的注意。

由以上实验结论和用户评价可知，系统的有效性和用户满意度得到了初步验证。由于目前的个性化技术水平有限，系统还有很大的修改和完善的空间，因此随着系统运行时间和用户样本的积累，聚类和匹配模型会越来越精确，系统的个性化和智能化程度也会越来越高。

6.5 本章小结

本章在认知机理理论、实验研究的基础上，先提出了个性化地图设计原则；然后提出了个性化地图设计与服务流程，并通过与传统设计方法的对比说明了其优越性；然后说明了个性化地图风格色彩模板库、符号注记模板库、布局工具模板库的设计；最后开发了可视化试验系统，应用设计原则与设计方法为具有不同地图熟悉程度的各类用户实际设计了个性化地图实例，并通过多种方法进行了评价。至此，建立了完整的个性化地图认知理论、方法、技术和应用体系。

第 7 章

总结与展望

7.1 研究工作总结

地图普适化带来了大众制图和泛在制图等新理念,也使用户的主体地位得到了提升。随着用户参与程度的提高,地图的设计形式变得多种多样,用户需求、设计方法、数据来源、服务技术等都发生了变化,个性化地图的应用越来越广泛。虽然制图学家已经注意到了个性化地图认知研究的重要性,但是用户对个性化地图包括哪些要素、有哪些因素影响地图认知效果、怎样评估地图对个性化需求的满足程度、不同人群对个性化地图有怎样的认知差异、地图要素和影响因素之间的关系是怎样的、符合认知机理的个性化地图应该如何设计等问题还没有完全了解。本书采用问卷调查法与眼动实验法相结合的实验方法,在总结研究现状和分析基础理论的基础上,通过构建个性化地图的理论框架与方法体系,简化个性化地图认知因素并建立优化模型,探寻个性化地图认知适合度量化评估方法,分析个性化地图认知差异及其影响因素叠加、交互作用机制,对以上问题进行了系统研究和解答,提出了个性化地图的设计原则和设计流程,并给出了模板设计实例和系统验证及评价,达到了明确影响个性化地图认知效果的地图要素和影响因素、揭示地图思维过程和认知差异、建立量化匹配规则和评估模型、为"最合适的"个性化地图设计提供依据和方法、提高地图信息传输效率的目的。

7.1.1 本书完成的主要工作

总体来说，本书以揭示个性化地图思维过程、认知差异和认知机制为目标，主要开展并完成了以下几方面的工作。

（1）现状研究。主要包括对相关理论、方法、技术与应用现状的研究，以及对当前研究中存在的不足的分析等。指出了当前个性化地图认知研究领域中存在的理论体系薄弱、研究缺乏系统性、个性化地图认知因素理解存在偏差、认知差异实时监控与量化分析不足、认知影响因素叠加和交互作用机制不清、研究结论缺乏实验验证、地图适合度评价方法匮乏、专业制图模板欠缺等问题。

（2）理论与方法体系的构建。主要包括对个性化地图的概念、分类、特点的定义；对个性化地图认知机理研究中的基础理论、研究对象、研究范畴、关键问题等基本问题的提出；对认知因素实验方法、简化方法、匹配方法、评估方法、统计方法、监控方法的研究；对特征分析理论、成分识别理论、特征整合理论、模板匹配理论、原型匹配理论等模式识别理论的研究。还包括个性化地图认知因素初始模型与优化模型、个性化地图评估定性与定量模型、个性化地图眼动实验多维域、眼动-认知表征模型、个性化地图设计原则与设计流程等理论研究成果。

（3）认知机制研究。包括对个性化地图的匹配、评估、差异分析及认知因素综合作用的研究；对个性化地图认知效果影响因素的组合与分类、地图要素与影响因素的个性化匹配差异等进行统计分析；对地图原型与影响因素的认知适合度进行线性加权量化评估；对个性化地图认知过程中多种影响因素的叠加作用、地图要素与影响因素的交互作用进行细粒度分析；对专家与新手的动态认知过程进行实时监控和对比分析；依据自下而上和自上而下相结合的信息加工范式对认知差异进行理论解释。

（4）运用以问卷调查法和眼动实验法为主的联合实验方法。通过问卷调查获取了个性化地图认知因素及其权重、用户样本聚类中心，逐步建立了地图认知适合度量化评估模型，确定了地图与用户、环境的个性化匹配规则；通过眼动实验研究了个性化地图认知因素叠加、交互作用机制，表征了个性化地图的动态认知过程，分析了地图认知过程中自下而上和自上而下相结合的信息加工范式；通过联合多种实验方法进行了交叉互证。

本书主要研究了问卷的设计与发放，信度与效度检验，描述性分析、因子分析、相关分析、聚类分析、方差分析、判别分析等统计分析方法，个性化地图认知适合度评估模型中各级指标权重的计算和线性加权评估等；还研究了眼动实验的设计和实施、材料制作、实验流程，眼动指标的意义，启动效应的控制，数据处理及统计分析，眼动热点图、视线轨迹图等可视化图形的运用，基于认知心理学理论的结果讨论、结论获取，眼动实验的特点和优势、眼动研究的地图学作用，眼动实验法与反应时法、观察法、问卷调查法、出声思维法、德尔菲法、焦点组访谈法等方法的联合运用。

（5）应用研究。依据个性化地图设计原则与设计流程，设计了多种个性化地图要素模板，开发了个性化地图可视化试验系统，并应用该系统给出了个性化地图设计实例，对以上理论、方法、原则、流程等进行了验证。

7.1.2 本书的创新点

本书的创新点主要有以下几个方面。

（1）构建了个性化地图认知机理研究的理论框架与方法体系，有助于解决个性化地图认知理论研究滞后的问题；提出了个性化地图的概念、特点、分类方法和设计原则；明确了个性化地图认知机理研究中的基础理论、研究对象、研究范畴、关键问题等基本理论问题，构建了理论框架；建立了由个性化地图认知因素问卷分析、用户样本聚类与判别分析、地图要素匹配度方差分析、认知适合度线性评估与实验验证、认知因素作用机制的眼动监控与可视化方法组成的方法体系；提出了个性化地图设计流程，设计制作了个性化地图要素模板，弥补了专业模板欠缺的问题。

（2）提出了个性化地图认知因素的简化、评估方法，以及作用机制；解决了个性化地图评估方法欠缺、认知因素叠加和交互作用机制不清楚的问题。通过因子分析简化了认知因素，建立了个性化地图认知因素优化模型，发现了用户与制图者对地图认知因素归类的心象差异。在因素简化和地图要素匹配的基础上，提出了个性化地图认知适合度线性加权量化评估模型。通过眼动实验验证了评估方法的正确性，揭示了个性化地图动态认知过程中多种因素的叠加、交互作用机制，以及自下而上、自上而下两种信息加工范式相互作用产生的认知差异。

（3）探索了眼动实验对个性化地图认知阶段的表征作用及联合实验方法，解决了地图认知思维过程无法显式表达、量化实验手段欠缺的问题。提出了个性化地图眼动实验多维域和眼动-认知表征模型，突出了眼动实验的客观、实时监控作用，展示了眼动实验参数的定量分析作用，以及热点图、视线轨迹图等可视化图形的定性分析作用。眼动实验与问卷调查法、出声思维法、观察法、主观评估法、焦点组访谈法等实验方法的联合运用与交叉互证是本书的一个亮点，丰富了地图学的实验手段，并为类似研究提供了经验和参考实例。

7.2 研究趋势展望

虽然本书完成了大量的研究工作，但是时间和技术水平有限，以下几个问题仍有待于进一步解决。

（1）客观因素研究不够全面，动态匹配和联合实验方法还需要实践验证。本书仅以测试时间为代表进行了研究，但是由于技术水平有限，所以对多载体、虚拟空间、多维因素、动态因素等研究不够，没有对基于认知实时监控的个性化地图动态匹配结论进行系统实践。今后可借助先进的移动式 Glass 眼动仪等设备进行深入研究，为眼控地图、体感地图等高度智能化的地图可视化提供技术支撑。眼动实验与其他方法的联合实验还有许多问题有待进一步探索，如中央视觉与边缘视觉的关系等。

（2）量化分析深度不够。例如，影响要素的权重确定、问卷样本数量的增加、被试与环境特征的筛选、用户聚类模型和认知适合度评估模型的优化、地图眼动实验中 3 个以上影响因素的多维实验设计与分析等。

（3）本书的试验系统只是为了验证认知机理和设计原则，但其中模板组合的知识干预仍有很强的主观性，很多结论还没有形成知识。模板组合结果受开发者知识结构和专业程度的限制，缺少专家库和知识库的支持。结构化的计算机虽然越来越自动化和智能化，但是终究不能代替人类智慧。

综上所述，在地图学大踏步迈向自动化、智能化、自适应的今天，时代特征和技术发展都渴望对个性化地图认知机理进行揭秘。眼动实验在地图学研究中的潜力还没有充分发挥出来，多种手段联合实验的测试效果才初露端倪，地图认知过程的实时监控、精准的个性化地图量化匹配及评估方法也有待进一步研究。本书是对以上方向的尝试和探索，虽然研究结论具有一定的局限性，但也提供了有价值的实验方法和研究思路，对于个性化地图设计、个性化地图可用性评价等领域的研究具有一定的借鉴意义，并且具有广阔的发展空间和美好的应用前景。

附录 A

问卷 1 设计（部分）

在个性化地图中，您认为以下要素的重要性如何，请按 1~5 分进行打分。

I 地图设计要素部分

1. 地图符号

（1）同一张地图上，符号大小对地图设计效果的影响大吗？

（2）同一张地图上，符号多少对地图设计效果的影响大吗？

（3）地图符号类型按复杂程度可以分为传统几何式符号🛒、边框背景式符号🅗、真形卡通式符号🐼、立体阴影式符号☕等几类。你认为在清晰易读的前提下，用不同的符号类型来设计地图重要吗？

（4）地图符号是否具有外面的方框或者圆圈重要吗（如公园🌲或🌳，旅馆 H 或🅗）？

（5）地图符号是否具有阴影设计☕和三维立体效果🍁对地图使用效果的影响怎样？

（6）地图上点状符号的色彩设计重要吗？

（7）地图上面状符号的色彩设计重要吗？

2．地图色彩

（1）作为地图背景的底图色彩对整体效果的影响大吗？

（2）地图符号与底图之间的色彩搭配和谐还是冲突对地图效果有影响吗？

3．辅助要素

（1）图例能使专题地图使用更方便吗？

（2）地图上设计鹰眼有意义吗？

（3）地图注记的字体、字号、粗细、排列、间隔等设计重要吗？

4．整体布局

（1）常见的地图页面布局样式有同字型、可字型和反可字型等；不同的布局样式对使用地图有影响吗？

（2）地图是否具有基本操作工具区、信息检索区、图层控制区等功能区重要吗？

（3）地图放缩工具用组合式图标还是用滑尺式图标的设计重要吗？

（4）地图检索区的样式和位置重要吗？

（5）地图上图层控制功能区的位置和样式重要吗？

（6）地图整体风格有清新淡雅型、活泼热烈型、卡通可爱型、复古写意型、深沉稳重型等多种，整体风格会影响您选用哪一张地图吗？

II 地图情境部分

5．个人信息

（1）用户年龄对地图选择和评价的影响重要吗？

（2）用户性别对地图选择的影响大吗？

（3）教育程度（高中、专科、本科、硕士、博士等学历）对地图选择的影响大吗？

（4）地图操作熟悉程度（专家、新手）对地图使用的影响大吗？

(5）职业（教师、科研者、公务员、农民、商人、军人、退休人员、设计师、学生等）对地图使用的影响大吗？

(6）个人爱好（体育、美术、音乐、历史、棋牌等）对地图选择的影响大吗？

(7）色彩偏好对地图配色评价的影响大吗？

(8）如果您常用百度地图（或者谷歌地图、搜狗地图、高德地图、图吧、E都市、天地图等），在需要使用其他地图时，会选择与它风格类似的吗？

6. 载体类型

(1）手机屏幕上的地图显示区域较小，但是携带和使用方便，这对地图使用的影响大吗？

(2）印在纸张上的地图，与显示在电子设备上的地图的区别大吗？

(3）网络地图的显示和操作受带宽、传输速度等限制，但是使用方便，并且可以通过链接照片、视频、网页等实现多媒体信息的扩展，内容更为丰富，网络地图与其他地图的区别大吗？

附录 B

问卷 2 设计（部分）

Ⅰ 地图偏好

1. 喜欢的地图整体风格（　）

A．清新淡雅型； B．活泼热烈型； C．卡通可爱型； D．复古写意型；

E．深沉稳重型。

2. 您认为哪种地图底色最好（　）

A 白色； B 绿色； C 灰色； D 红色；

E．其他。

4. 您最喜欢哪种地图符号类型（　）

A．传统几何式；B．立体阴影式；C．边框背景式；D．真形卡通式；

E．其他。

5. 地图注记使用哪种字体设计比较好（　）

A．宋体； B．隶书； C．黑体； D．楷体；

E．姚体。

8. 地图上的鹰眼位置放在哪里比较合适（ ）

A．左上角；　　B．左下角；　　C．右上角；　　D．右下角；

E．随意拖动。

II 个人信息

1. 性别：A．男；B．女。

2. 年龄：A．19岁（含）以下；B．20～29岁；C．30～39岁；D．40～49岁；E．50岁（含）以上。

3. 职业：A．教育工作者；B．公务员；C．工人；D．学生；E．商人；F．军人；G．其他。

4. 教育水平：A．高中及以下；B．大学本科；C．硕士；D．博士。

5. 对地图的熟悉程度：A．专家；B．经常使用；C．一般熟悉；D．偶尔使用；E．新手。

6. 以下较喜欢的色彩是：A．白；B．绿；C．灰；D．红；E．黄。

7. 兴趣爱好：A．体育；B．音乐；C．史地；D．美术；E．其他。

8. 常用地图网站：A．高德地图；B．谷歌地图；C．百度地图；D．搜狗地图；E．其他（图吧、雅虎、搜搜、丁丁网、51地图、E都市、都市圈、MAPABC、天地图、MapQuest等）。

附录 C

问卷 2 地图要素认知显著影响因素方差分析表

用户属性自变量	地图要素因变量		平方和	df	均方	F	显著性
性别	布局类型	组间	3.782	1	3.782	4.328	0.038
		组内	284.016	325	0.874		
		总数	287.798	326			
年龄	整体风格	组间	22.631	4	5.658	6.381	0.000
		组内	285.516	322	0.887		
		总数	308.147	326			
	底图色彩	组间	21.307	4	5.327	5.310	0.000
		组内	323.011	322	1.003		
		总数	344.318	326			
	面域色彩	组间	20.698	4	5.174	5.820	0.000
		组内	286.299	322	0.889		
		总数	306.997	326			

续表

用户属性自变量	地图要素因变量		平方和	df	均方	F	显著性
年龄	符号类型	组间	12.562	4	3.141	3.955	0.004
		组内	255.682	322	0.794		
		总数	268.245	326			
	注记字体	组间	9.757	4	2.439	3.557	0.007
		组内	220.794	322	0.686		
		总数	230.550	326			
	符号尺寸	组间	43.953	4	10.988	7.210	0.000
		组内	490.713	322	1.524		
		总数	534.667	326			
	工具样式	组间	56.405	4	14.101	10.283	0.000
		组内	441.583	322	1.371		
		总数	497.988	326			
职业	鹰眼位置	组间	15.575	6	2.596	2.591	0.018
		组内	320.541	320	1.002		
		总数	336.116	326			
教育水平	整体风格	组间	8.603	3	2.868	3.092	0.027
		组内	299.544	323	0.927		
		总数	308.147	326			
	底图色彩	组间	10.104	3	3.368	3.255	0.022
		组内	334.214	323	1.035		
		总数	344.318	326			
	符号类型	组间	6.935	3	2.312	2.858	0.037
		组内	261.309	323	0.809		
		总数	268.245	326			
	注记字体	组间	5.725	3	1.908	2.742	0.043
		组内	224.825	323	0.696		
		总数	230.550	326			

附录 C　问卷 2 地图要素认知显著影响因素方差分析表

续表

用户属性自变量	地图要素因变量		平方和	df	均方	F	显著性
教育水平	布局类型	组间	9.717	3	3.239	3.762	0.011
		组内	278.081	323	0.861		
		总数	287.798	326			
地图熟悉程度	整体风格	组间	10.525	4	2.631	2.847	0.024
		组内	297.622	322	0.924		
		总数	308.147	326			
	面域色彩	组间	13.638	4	3.410	3.742	0.005
		组内	293.359	322	0.911		
		总数	306.997	326			
	符号类型	组间	11.104	4	2.776	3.476	0.008
		组内	257.140	322	0.799		
		总数	268.245	326			
	符号尺寸	组间	15.511	4	3.878	2.405	0.050
		组内	519.156	322	1.612		
		总数	534.667	326			
	鹰眼位置	组间	10.885	4	2.721	2.694	0.031
		组内	325.232	322	1.010		
		总数	336.116	326			
	工具样式	组间	27.951	6	4.659	3.172	0.000
		组内	470.036	320	1.469		
		总数	497.988	326			
色彩偏好	整体风格	组间	19.123	4	4.781	5.326	0.000
		组内	289.024	322	0.898		
		总数	308.147	326			
	底图色彩	组间	29.697	4	7.424	7.598	0.000
		组内	314.621	322	0.977		
		总数	344.318	326			

续表

用户属性自变量	地图要素因变量		平方和	df	均方	F	显著性
色彩偏好	面域色彩	组间	20.031	4	5.008	5.619	0.000
		组内	286.966	322	0.891		
		总数	306.997	326			
	符号类型	组间	20.929	4	5.232	6.812	0.000
		组内	247.316	322	0.768		
		总数	268.245	326			
	符号尺寸	组间	47.594	4	11.899	7.152	0.000
		组内	535.678	322	1.664		
		总数	583.272	326			
	工具样式	组间	41.907	4	10.477	7.397	0.000
		组内	456.081	322	1.416		
		总数	497.988	326			
兴趣爱好	工具样式	组间	24.211	4	6.053	4.114	0.003
		组内	473.777	322	1.471		
		总数	497.988	326			
常用地图网站	面域色彩	组间	12.726	4	3.182	3.481	0.008
		组内	294.271	322	0.914		
		总数	306.997	326			

附录 D

眼动实验 1 的被试判别分析过程

假定有两位用户：

User1={男，30~39 岁，商人，大学本科，经常使用地图，偏好绿色，爱好体育，常用百度地图}；

User2={女，50~59 岁，教育工作者，博士，地图专家，偏好白色，爱好美术，常用高德地图}。

他们是否属于 Class1，以及能否作为眼动实验 1 的被试的判别分析过程如下。

1. 组均值的均等性检验

组均值的均等性检验表反映出各组在不同指标上的均值差异。由附表 D.1 可知，在 8 个指标中，不同组差异检验的 Sig.均小于 0.05，表明不同组之间在各个指标上均存在显著差异，可以进行判别分析。

附表 D.1 组均值的均等性检验表

用户属性	Wilks 的 Lambda	F	df1	df2	Sig.
性别	0.969	3.453	3	323	0.017
年龄	0.749	36.141	3	323	0.000
职业	0.146	631.019	3	323	0.000
教育水平	0.967	3.646	3	323	0.013

续表

用户属性	Wilks 的 Lambda	F	df1	df2	Sig.
地图熟悉程度	0.953	5.309	3	323	0.001
色彩偏好	0.751	35.615	3	323	0.000
兴趣爱好	0.684	49.843	3	323	0.000
常用地图网站	0.743	37.337	3	323	0.000

2. 样本协方差矩阵的 Box's M 检验

（1）汇聚的组内协方差矩阵表（见附表 D.2）。

附表 D.2　汇聚的组内协方差矩阵表

		性别	年龄	职业	教育水平	地图熟悉程度	色彩偏好	兴趣爱好	常用地图网站
协方差	性别	0.241	0.007	−0.008	0.015	0.091	0.028	0.036	0.022
	年龄	0.007	1.035	0.115	0.086	0.006	0.311	0.035	0.004
	职业	−0.008	0.115	0.607	0.009	0.046	−0.016	−0.085	0.154
	教育水平	0.015	0.086	0.009	0.488	−0.120	0.074	0.060	−0.060
	地图熟悉程度	0.091	0.006	0.046	−0.120	0.753	−0.104	−0.102	0.075
	色彩偏好	0.028	0.311	−0.016	0.074	−0.104	0.816	−0.066	0.023
	兴趣爱好	0.036	0.035	−0.085	0.060	−0.102	−0.066	0.690	−0.013
	常用地图网站	0.022	0.004	0.154	−0.060	0.075	0.023	−0.013	1.146

（2）组间协方差矩阵，从附表 D.3 中可以看到组数为 4。

附表 D.3　组间协方差矩阵表

		性别	年龄	职业	教育水平	地图熟悉程度	色彩偏好	兴趣爱好	常用地图网站
1	性别	0.253	−0.007	0.045	0.016	0.159	−0.006	−0.004	0.053
	年龄	−0.007	1.511	0.137	0.221	0.024	0.517	−0.024	0.105
	职业	0.045	0.137	0.297	0.055	0.077	−0.023	−0.014	0.062
	教育水平	0.016	0.221	0.055	0.564	−0.125	0.195	0.136	0.076
	地图熟悉程度	0.159	0.024	0.077	−0.125	0.648	−0.129	−0.129	0.033
	色彩偏好	−0.006	0.517	−0.023	0.195	−0.129	1.061	−0.181	0.194
	兴趣爱好	−0.004	−0.024	−0.014	0.136	−0.129	−0.181	0.962	−0.071
	常用地图网站	0.053	0.105	0.062	0.076	0.033	0.194	−0.071	1.220

续表

		性别	年龄	职业	教育水平	地图熟悉程度	色彩偏好	兴趣爱好	常用地图网站
2	性别	0.254	−0.070	−0.071	−0.043	0.124	0.027	0.032	−0.009
	年龄	−0.070	1.209	0.149	−0.159	0.169	0.058	0.022	−0.034
	职业	−0.071	0.149	1.405	−0.077	0.179	−0.232	−0.577	0.173
	教育水平	−0.043	−0.159	−0.077	0.456	−0.195	0.035	0.037	−0.041
	地图熟悉程度	0.124	0.169	0.179	−0.195	1.058	−0.154	−0.017	0.083
	色彩偏好	0.027	0.058	−0.232	0.035	−0.154	1.006	−0.099	−0.006
	兴趣爱好	0.032	0.022	−0.577	0.037	−0.017	−0.099	0.873	−0.229
	常用地图网站	−0.009	−0.034	0.173	−0.041	0.083	−0.006	−0.229	0.625
3	性别	0.221	0.028	−0.019	0.058	0.014	0.046	0.028	0.021
	年龄	0.028	0.821	0.137	0.102	−0.094	0.284	0.121	0.013
	职业	−0.019	0.137	0.645	0.028	−0.084	0.084	0.079	0.263
	教育水平	0.058	0.102	0.028	0.419	−0.067	0.057	0.069	−0.131
	地图熟悉程度	0.014	−0.094	−0.084	−0.067	0.659	−0.105	−0.149	0.035
	色彩偏好	0.046	0.284	0.084	0.057	−0.105	0.581	0.102	0.002
	兴趣爱好	0.028	0.121	0.079	0.069	−0.149	0.102	0.292	0.020
	常用地图网站	0.021	0.013	0.263	−0.131	0.035	0.002	0.020	1.199
4	性别	0.254	0.063	−0.005	−0.029	0.126	0.045	0.126	0.008
	年龄	0.063	0.557	−0.006	0.082	0.038	0.299	−0.057	−0.148
	职业	−0.005	−0.006	0.196	−0.024	0.157	−0.015	−0.069	0.032
	教育水平	−0.029	0.082	−0.024	0.556	−0.157	−0.050	−0.063	−0.143
	地图熟悉程度	0.126	0.038	0.157	−0.157	0.830	−0.006	−0.038	0.233
	色彩偏好	0.045	0.299	−0.015	−0.050	−0.006	0.756	−0.233	−0.182
	兴趣爱好	0.126	−0.057	−0.069	−0.063	−0.038	−0.233	0.981	0.233
	常用地图网站	0.008	−0.148	0.032	−0.143	0.233	−0.182	0.233	1.444

（3）Box's M 检验结果。

从 Box's M 检验结果（附表 D.4）来看，Sig.=0.000，差异显著，即拒绝各组协方差矩阵相等的零假设，所以建议使用分组的协方差矩阵进行分析。

附表 D.4　Box's M 检验结果表

	Box'M	221.376
F	近似	4.764
	df1	45
	df2	134505.422
	Sig.	0.000

3. 筛选变量的过程

该过程有 5 个步骤。第 1 步，输入变量职业；第 2 步，输入变量兴趣爱好；第 3 步，输入变量年龄；第 4 步，输入变量常用地图网站；第 5 步，输入变量色彩偏好。由附表 D.5 可看出，Wilks 的 Lambda 检验均为 Sig.=0.000，这说明每一步加入的变量对判别分组有显著影响。

附表 D.5　输入/删除变量表

步骤	输入的变量	Wilks 的 Lambda				精确 F				近似 F			
		统计量	df1	df2	df3	统计量	df1	df2	Sig.	统计量	df1	df2	Sig.
1	职业	0.146	1	3	323.000	631.019	3	323.000	0.000				
2	兴趣爱好	0.102	2	3	323.000	229.207	6	644.000	0.000				
3	年龄	0.074	3	3	323.000					165.640	9	781.380	0.000
4	常用地图网站	0.058	4	3	323.000					136.242	12	846.932	0.000
5	色彩偏好	0.053	5	3	323.000					111.586	15	881.020	0.000

由此可以清楚地看出每一步进行分析和未进行分析的变量。可见，并未对性别、教育水平和地图熟悉程度进行分析（见附表 D.6、附表 D.7）。

附表 D.6　分析中的变量表

步骤	输入的变量	容差	要删除的 F 的显著水平	Wilks 的 Lambda
1	职业	1.000	0.000	
2	职业	0.983	0.000	0.684
	兴趣爱好	0.983	0.000	0.146
3	职业	0.960	0.000	0.512
	兴趣爱好	0.979	0.000	0.107
	年龄	0.975	0.000	0.102

续表

步骤	输入的变量	容差	要删除的F的显著水平	Wilks 的 Lambda
4	职业	0.927	0.000	0.414
	兴趣爱好	0.979	0.000	0.081
	年龄	0.975	0.000	0.075
	常用地图网站	0.965	0.000	0.074
5	职业	0.918	0.000	0.380
	兴趣爱好	0.965	0.000	0.074
	年龄	0.852	0.000	0.061
	常用地图网站	0.964	0.000	0.066
	色彩偏好	0.866	0.000	0.058

附表 D.7　不在分析中的变量表

步骤	输入的变量	容差	最小容差	要输入的F的显著性	Wilks 的 Lambda
0	性别	1.000	1.000	0.017	0.969
	年龄	1.000	1.000	0.000	0.749
	职业	1.000	1.000	0.000	0.146
	教育水平	1.000	1.000	0.013	0.967
	地图熟悉程度	1.000	1.000	0.001	0.953
	色彩偏好	1.000	1.000	0.000	0.751
	兴趣爱好	1.000	1.000	0.000	0.684
	常用地图网站	1.000	1.000	0.000	0.743
1	性别	1.000	1.000	0.017	0.141
	年龄	0.979	0.979	0.000	0.107
	教育水平	1.000	1.000	0.015	0.141
	地图熟悉程度	0.995	0.995	0.001	0.138
	色彩偏好	0.999	0.999	0.000	0.109
	兴趣爱好	0.983	0.983	0.000	0.102
	常用地图网站	0.966	0.966	0.000	0.105
2	性别	0.992	0.976	0.333	0.101
	年龄	0.975	0.960	0.000	0.074
	教育水平	0.988	0.972	0.401	0.101

续表

步骤	输入的变量	容差	最小容差	要输入的 F 的显著性	Wilks 的 Lambda
2	地图熟悉程度	0.977	0.965	0.102	0.100
	色彩偏好	0.991	0.975	0.000	0.078
	常用地图网站	0.966	0.950	0.000	0.075
3	性别	0.992	0.960	0.335	0.074
	教育水平	0.975	0.960	0.245	0.073
	地图熟悉程度	0.977	0.958	0.102	0.073
	色彩偏好	0.867	0.853	0.000	0.066
	常用地图网站	0.965	0.927	0.000	0.058
4	性别	0.990	0.927	0.256	0.057
	教育水平	0.968	0.926	0.507	0.058
	地图熟悉程度	0.972	0.926	0.106	0.057
	色彩偏好	0.866	0.852	0.000	0.053
5	性别	0.985	0.852	0.211	0.052
	教育水平	0.959	0.848	0.442	0.052
	地图熟悉程度	0.947	0.843	0.300	0.052

Wilks 的 Lambda 值及精确 F 检验的统计量、自由度和显著性水平见附表 D.8。精确 F 检验的统计量 Sig. 均为 0.000，小于 0.001，有极其显著的统计学意义。

附表 D.8　Wilks 的 Lambda 值表 1

步骤	变量数目	Lambda	df1	df2	df3	精确 F			近似 F		
						统计量	df1	df2	Sig.	统计量	df1	df2	Sig.
1	1	0.146	1	3	323	631.019	3	323.000	0.000			
2	2	0.102	2	3	323	229.207	6	644.000	0.000			
3	3	0.074	3	3	323					165.640	9	781.380	0.000
4	4	0.058	4	3	323					136.242	12	846.932	0.000
5	5	0.053	5	3	323					111.586	15	881.020	0.000

4. 典型判别式函数的检验

由附表 D.9 可知，该案例有 3 个判别函数：第 1 个函数的特征值为 6.492 大于 1，方差解释率为 84.1%；第 2 个函数的特征值为 0.911，方差解释率为 11.8%；

第 3 个函数的特征值为 0.320，方差解释率为 4.1%。由 Wilks 的 Lambda 表格检验 Sig.均为 0.000（见附表 D.10），这 3 个判别函数都显著成立。

附表 D.9 特征值表

函数	特征值	方差的 %	累积 %	正则相关性
1	6.492	84.1	84.1	0.931
2	0.911	11.8	95.9	0.690
3	0.320	4.1	100.0	0.492

附表 D.10 Wilks 的 Lambda 值表 2

函数检验	Wilks 的 Lambda	卡方	df	Sig.
1~3	0.053	944.900	15	0.000
2~3	0.396	297.464	8	0.000
3	0.757	89.295	3	0.000

5. 标准化判别函数的系数和结构矩阵

通过附表 D.11 可以看出标准化的 3 个典型判别式函数主要受年龄、职业、色彩偏好、兴趣爱好、常用地图网站 5 个变量的影响，可以分别写出典型判别函数关系式。例如，F1=-0.246*年龄+1.039*职业+0.108*色彩偏好+0.90*兴趣爱好-0.236*常用地图网站。

附表 D.11 标准化的典型判别式函数系数表

用户属性	函数		
	1	2	3
年龄	-0.246	0.418	0.266
职业	1.039	0.027	0.082
色彩偏好	0.108	0.367	0.351
兴趣爱好	0.090	-0.452	0.879
常用地图网站	-0.236	0.580	0.104

由结构矩阵中的相关系数可知，对函数 1 影响最大的是职业；对函数 2 影响最大的是常用地图网站；对函数 3 影响最大的是兴趣爱好（见附表 D.12）。

附表 D.12 结构矩阵表

用户属性	函数		
	1	2	3
职业	0.946*	0.245	0.017
常用地图网站	-0.044	0.602*	0.116
色彩偏好	-0.013	0.562*	0.364
年龄	-0.055	0.530*	0.433
兴趣爱好	-0.062	-0.479	0.846*
教育水平	0.028	0.000	0.158*
地图熟悉程度	0.022	0.067	-0.156*
性别	-0.020	0.013	0.106*

注：表中*表示统计意义显著。

非标准化判别函数系数可以直接使用原始变量进行计算，因此比标准化的判别函数系数使用更加方便。非标准化的判别函数可以由附表 D.13 得出。例如，F1=-4.752-0.242*年龄+1.334*职业+0.120*色彩偏好+0.109*兴趣爱好-0.221*常用地图网站。

附表 D.13 典型判别式函数系数表

用户属性	函数		
	1	2	3
年龄	-0.242	0.411	0.262
职业	1.334	0.034	0.106
色彩偏好	0.120	0.406	0.388
兴趣爱好	0.109	-0.544	1.057
常用地图网站	-0.221	0.542	0.097
(常量)	-4.752	-3.103	-5.738

组质心处的函数表给出了各类别的重心在平面上的坐标。根据标准化和非标准化的典型判别函数，以及个案平面坐标及其与各类重心之间的距离就可以判别不同个案的组别（见附表 D.14）。

附表 D.14　组质心处的函数表

案例的类别号	函数		
	1	2	3
1	3.426	−0.489	0.412
2	−1.950	−1.605	−0.637
3	0.108	0.991	−0.398
4	−3.902	0.195	0.913

6．Fisher 判别函数系数

附表 D.15 给出了各组的先验概率表，其中，第 1 组的先验概率为 0.275；第 2 组的先验概率为 0.174；第 3 组的先验概率为 0.385；第 4 组的先验概率为 0.165。

附表 D.15　各组的先验概率表

案例的类别号	先验概率	用于分析的案例	
		未加权的	已加权的
1	0.275	90	90.000
2	0.174	57	57.000
3	0.385	126	126.000
4	0.165	54	54.000
合计	1.000	327	327.000

根据 Fisher 的线性判别式函数系数建立线性判别模型如下。

F1=−57.314+0.048*年龄+11.625*职业+5.028*色彩偏好+6.078*兴趣爱好+0.365*常用地图网站

F2=−20.066+0.614*年龄+4.304*职业+3.522*色彩偏好+4.991*兴趣爱好+0.845*常用地图网站

F3=−35.658+1.246*年龄+7.164*职业+4.917*色彩偏好+4.055*兴趣爱好+1.821*常用地图网站

F4=−29.980+2.231*年龄+1.926*职业+4.620*色彩偏好+5.438*兴趣爱好+2.402*常用地图网站

将待判别样本个案的各变量指标代入上面 4 个判别函数，比较函数值的大小并将个案归入值最大的一类中(见附表 D.16)。

附表 D.16　分类函数系数表

用户属性	案例的类别号			
	1	2	3	4
年龄	0.048	0.614	1.246	2.231
职业	11.625	4.304	7.164	1.926
色彩偏好	5.028	3.522	4.917	4.620
兴趣爱好	6.078	4.991	4.055	5.438
常用地图网站	0.365	0.845	1.821	2.402
(常量)	-57.314	-20.066	-35.658	-29.980

7. 典型判别的散点图

利用 4 个典型判别函数计算所有观测在二维平面的坐标,再加上 4 个类别重心坐标,可以直观地描绘用典型判别函数进行分类的结果(见附图 D.1)。

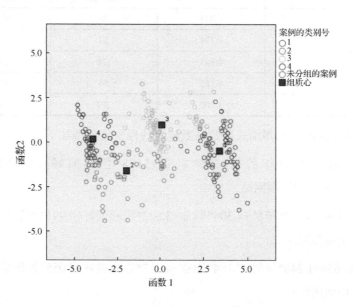

附图 D.1　典型判别函数分类散点图

由附表 D.17 可见,各组成员数分别为 90、46、119 和 54,未分组的个案 User1、User2 经判别分析预测分到第 3 类 1 个、第 4 类 1 个,且对原分组案例中的 94.5%的个案进行了正确分类。回到原数据文件可以发现,User1 归入了第 3

类，User2 归入了第 4 类。至此判别结束。

附表 D.17　分类结果表

		案例的类别号	预测组成员				合计
			1	2	3	4	
初始	计数	1	90	0	0	0	90
		2	0	46	8	3	57
		3	7	0	119	0	126
		4	0	0	0	54	54
		未分组的案例	0	0	1	1	2
	%	1	100.0	0.0	0.0	0.0	100.0
		2	0.0	80.7	14.0	5.3	100.0
		3	5.6	0.0	94.4	0.0	100.0
		4	0.0	0.0	0.0	100.0	100.0
		未分组的案例	0.0	0.0	50.0	50.0	100.0

注：已对初始分组案例中的 94.5% 的个案进行了正确分类。

参考文献

[1] 王翠萍. 面向个性化服务的信息资源组织与集成研究[M]. 北京：科学出版社，2010.

[2] 李树青，韩忠愿. 个性化搜索引擎原理与技术[M]. 北京：科学出版社，2008.

[3] 陈述彭. 中国大百科全书·地理学卷：地图学[M]. 北京：大百科全书出版社，1987.

[4] Wood M. The 21st Century World: No Future without Cartography[J]. Journal of Geospatial Engineering, 2001, 3（2）：77-86.

[5] Wood M. Cartography is Forever[J]. The Newsletter of the British Cartographic Society，2004，10（2）：7-11.

[6] 尹章才. 地图表达机制及其基于可扩展标记语言的描述[D]. 武汉大学博士学位论文，2005.

[7] Kraak M J, Ormeling F. 地图学：空间数据可视化[M]. 张锦明，王丽娜，游雄，译. 北京：科学出版社，2014.

[8] 邓国臣. 地图文化及其价值观——王家耀院士专访[J]. 测绘科学，2014，39（12）：3-7.

[9] 陈述彭. 地图创作的新潮与反思[J]. 地图，1990（2）：3-6.

[10] 王家耀，成毅. 论地图学的属性和地图的价值[J]. 测绘学报，2015，44（3）：237-241.

[11] 陈毓芬. 地图空间认知理论的研究[D]. 信息工程大学博士学位论文，2000.

[12] 高俊. 地图学寻迹：高俊院士文集[M]. 北京：测绘出版社，2012.

[13] 凌善金. 旅游地图学[M]. 合肥：安徽人民出版社，2008.

[14] 王卉. GIS工具软件可视化设计中的几个问题[J]. 测绘通报，1998（12）：7-9.

[15] 龙毅，温永宁，盛业华. 电子地图学[M]. 北京：科学出版社，2006.

[16] 王家耀. 空间信息系统原理[M]. 北京：科学出版社，2001.

[17] 王卉,李爱光. 可视化技术在地图学中的应用[J]. 测绘学院学报，2001，18（1）：59-62.

[18] Natalia A, Gennady A, Peter G. Data and Task Characteristics in Design of Spatio-Temporal Data Visualization Tools[C]. Symposium on Geospatial Theory, Processing and Applications, 2002.

[19] 朱欣焰，周成虎，呙维，等. 全息位置地图概念内涵及其关键技术初探[J]. 武汉大学学报（信息科学版），2015（3）：285-295.

[20] 孟立秋. 地图学和地图何去何从[J]. 测绘科学技术学报，2013（4）：334-342.

[21] 王英杰，陈毓芬，余卓渊，等. 自适应地图可视化原理与方法[M]. 北京：科学出版社，2012.

[22] Maceachren A M, Kraak M J. Research Challenges in Geovisualization[J]. Cartography and Geographic Information Science, 2001, 28（1）：1.

[23] 王家耀. 地图学与地理信息工程研究[M]. 北京：科学出版社，2005.

[24] 王全科，刘岳，张忠. 一体化地图制图信息系统的建立及其应用[J]. 地理研究，1999，18（1）：59-65.

[25] 孟立秋. 地图学技术发展中的几点理论思考[J]. 测绘科学技术学报，2006（1）：89-100.

[26] 章士嵘. 认知科学导论[M]. 北京：人民出版社，1992.

[27] Dibiase D. Visualization in the Earth Sciences[J]. Earth and Mineral Sciences Bulletin，1990，59（2）：13-18.

[28] Perber D，Wilson D. 关联性：交际与认知[M]. 北京：外语教学与研究出版社，2002.

[29] Bianchin A. Cartographic challenges: movement, participation, risk[C]. WORKSHOP N. 1: MOVEMENT, 2009.

[30] Morita T. Theory and Development of Research in Ubiquitous Mapping[C]// Lecture Notes in Geoinformation and Cartography Heidelberg：Springer，2007.

[31] Morita T. A Working Conceptual Framework for Ubiquitous Mapping[C]. 22nd International Cartographic Conference Spain, 2005.

[32] 随元强. 设计的共性化与个性化分析[J]. 中国科技信息，2011（10）：175.

[33] Václav Talhofer. Transport of Dangerous Chemical Substances and its Cartographic Visualisation[C]. 10th AGILE International Conference on Geographic Information Science 2007, 2007.

[34] Montello D R. Cognitive Map-Design Research in the Twentieth Century: Theoretical and Empirical Approaches[J]. Cartography and Geographic Information Science，2002，29（3）：283-304.

[35] Vasilev S. A New Theory of Signs in Cartography[C]. International Conference on Cartography and GIS,2006.

[36] Schlichtmann H. Overview of the Semiotics of Maps[C]. 24th International Cartographic Conference, 2009.

[37] 王梦娟. 地图空间认知的眼动研究[D]. 南京师范大学硕士学位论文，2011.

[38] 江南. 电子地图多模式显示的研究与实践[D]. 信息工程大学博士学位论文, 2010.

[39] 陈棉,刘晓玫,李国砚. 统计数据空间可视化方法分析[J]. 测绘科学,2007，32（4）：65-68.

[40] 李伟，陈毓芬，钱凌韬，等. 语言学的个性化地图符号设计[J]. 测绘学报，2015（3）：323-329.

[41] Liqiu M. About the emotional requirements of map user[C]. ICA theoretical cart，2003.

[42] Liqiu M. About Egocentric Geovisualisation[C]. Geoinformatics，2004（12）.

[43] Sarjakoski L T, Nivala A M. Context-awaremaps in mobile devices[C]//Salovaara A, Kuoppala H, Nieminen M.Perspectives on intelligent user interfaces, Helsinki University of Technology SoftwareBusiness and Engineering Institute Technical Reports 1，2003.

[44] Sarjakoski L T, Nivala A M, Hämäläinen M. Improving the Usability of Mobile Maps by Means of Adaption[C]// Gartner G.Location Based Services &Tele

Cartography, Proceedings of the Symposium 2004. Vienna:Vienna University of Technology, 2004.

[45] Nivala A M, Sarjakoski L T. Need for Context-Aware Topographic Maps in Mobile Devices[C]// Virrantaus K，Tveite H. ScanGIS'2003—Proceedings of the 9th Scandinavian Research Conference on Geographical Information Science. Espoo, Finland, 2003.

[46] Nivala A M, Sarjakoski L T, Jakobsson A，et al. Usability Evaluation of Topographic Mapsin Mobile Devices[C]. 21st International Cartographic Conference，2003.

[47] Nivala A M, Brewster S, Sarjakoski L T. Usability problems of web map sites[C]. 23rd International Cartographic Conference, 2007.

[48] Nivala A M. Usability Perspectives for the Design of Interactive Maps[D]. Ph.D.Dissertation of Helsinki University of Technology，2007.

[49] Nivala A M, Sarjakoski L T. Preventing Interruptions in Mobile Map Reading Process by Personalisation[C]. MobileHCI'04, 2004.

[50] Corné P J M, Elzakker. Testing the usability of well scaledmobile maps for consumers[C].The 23rd International Cartographic Conference, 2007.

[51] Cartwright W，Peterson M P, Gartner G. Multimedia Cartography[R].Heidelberg，1999.

[52] 刘桂侠. 地图——凸显地理学科特色与开发右脑的切入点[J]. 地理教育，2007（2）：66-67.

[53] 游天，周成虎，陈曦. 室内地图表示方法研究与实践[J]. 测绘科学技术学报，2014，31（6）：635-640.

[54] Dodge M，Kitchin R. Mapping Cyberspace[M]. New York: Taylor& Francis，2001.

[55] 艾廷华. 适宜空间认知结果表达的地图形式[J]. 遥感学报，2008，12（2）：347-354.

[56] 刘芳，王光霞，钱海忠，等. 虚拟地理环境对空间认知方式的影响[J]. 测绘科学，2009，34（4）：67-69.

[57] 田江鹏，贾奋励，夏青. 依托语言学方法论的三维符号设计[J]. 测绘学报，2013，42（1）：131-137.

[58] Marsh S L. How useful is usability for geovisualization[C]. EURESCO Conferences, 2004.

[59] Shneiderman B. Why Not Make Interfaces Better than 3D Reality [J]. IEEE Computer Graphics & Applications , 2003：12-15.

[60] Shneiderman B, Plaisant C. Designing the User Interface:Strategies for Effective Human-Computer Interaction[M]. Reading Addison Wesley ,2004.

[61] Christophe S, Bucher B. A dialogue application for creative portrayal[C]. 23st International Cartographic Conference，2007.

[62] 杜清运. 空间信息的语言学特征及其自动理解机制研究[D]. 武汉大学博士学位论文，2001.

[63] Cartwright W. NeoCartography: citizen cartographers, GPS electronics and mash-ups[R]. Zhengzhou，2014.

[64] Roush. Social machines[R]. Massachusetts Institute of Technology，2005.

[65] 叶奕乾，孔克勤，杨秀君. 个性心理学[M]. 上海：华东师范大学出版社，2011.

[66] 廖彦罡. 排球运动员专项认知眼动特征的研究[M]. 北京：北京体育大学出版社，2011.

[67] 尼尔森，佩尼斯. 用眼动追踪提升网站可用性[M]. 冉令华，张欣，刘太杰，译. 北京：电子工业出版社，2011.

[68] 瞿珍. 网络广告视觉搜索的眼动研究[D]. 浙江师范大学硕士学位论文，2009.

[69] 高俊. 地图感受与地图设计的实验方法[R]. 中国测绘学会《地图制图学新技术》讲学班，1984.

[70] 阎国利. 眼动分析法在广告心理学研究中的应用[J]. 心理学动态，1999，7(4)：50-53.

[71] Duchowski A T. A breath-first survey of eye-tracking applications[J]. Behavior Research Methods,Instruments & Computers,2002,4（4）：455-470.

[72] Rayner K. Eye movement in reading and information processing:20 years of research[J]. Psychological Bulletin, 1998，124：372-422.

[73] Rayner K. Eye movements and attention in reading, scene perception, and visual search[J]. Quarterly Journal of Experimental Psychology, 2009，62（8）：1457-1506.

[74] 李晓娟. 眼动方法在心理学研究中的现状及其趋势[J]. 山西大同大学学报（自然科学版），2007，23（2）：69-71.

[75] 蒋波，章菁华. 1980—2009 年国内眼动研究的文献计量分析[J]. 心理科学，2011，34（1）：235-239.

[76] 田彬. 1994—2007年国内公开发表有关眼动仪论文统计分析[J]. 科技与教育，2009，1（2）：1-3.

[77] 沈德立. 学生汉语阅读过程的眼动研究[M]. 北京：教育科学出版社，2001.

[78] 于鹏. 韩国留学生阅读汉语文本的眼动研究[M]. 北京：北京大学出版社，2011.

[79] 刘晓明. 听障大学生阅读理解监控的眼动研究[M]. 北京：社会科学文献出版社，2014.

[80] 李旺先，张电扇，王媛媛，等. 阅读中的眼动方法述评[J]. 吉林省教育学院学报，2011，27（1）：129-131.

[81] 陶云,申继亮,沈德立. 中小学生阅读图文课文的眼动实验研究[J]. 心理科学，2003，26（2）：199-203.

[82] 程利,杨治良. 大学生阅读插图文章的眼动研究[J]. 心理科学，2006，29（3）：593-596.

[83] 陈睿. 大学生对客厅室内设计风格审美偏好的眼动实验研究[D]. 云南师范大学硕士学位论文，2007.

[84] Yarbus A L. Eye Movement and Vision[M]. New York: Plenum press, 1967.

[85] Noton D, Stark L.Eye Movements and Visual Perception[J]. Scientific American，1971，224（6）：34-43.

[86] Goldberg J H, Kotval X P. Computer interface evaluation using eye movements: Methods and constructs[J]. International Journal of Industrial Ergonomics, 1999（24）: 631-645.

[87] Jacob R, Karn K. Eye tracking in human computer interaction and usability research: Ready to deliver the promises[M]//HyönäJ,RadachR,DeubelH. The Mind's Eye:Cognitive and Applied Aspects of Eye Movement Research. Amsterdam: Elsevier Ltd, 2003: 573-605.

[88] Goldberg J H, Stimson M J, Lewenstein M, et al. Eye tracking in web search tasks: Design implications[C]. Eye Tracking Research and Applications Symposium 2002, 2002.

[89] Wolfe J M. Visual search[M]. London: University College London Press, 1998.

[90] Wolfe J M, Horowitz T S. What attributes guide the deployment of visual attention and how do they do it?[J]. Nature Reviews Neuroscience, 2004, 5（6）: 495-501.

[91] Irwin E. Fixation location and fixation duration as indices of cognitive processing, in The Integration of Language, Vision, and Action: Eye Movements and the Visual World[M]. New York: Psychology Press, 2004.

[92] Schmidt A. Implicit human computer interaction through context[J]. Personal Technologies, 2000, 4（2）: 191-199.

[93] Stellmach S, Dachselt R. Look & touch: gazesupported target acquisition[C]. 2012 ACM annual conference on Human Factors in Computing Systems, 2012.

[94] Giannopoulos I, Kiefer P, Raubal M. GeoGazemarks: Providing gaze history for the orientation on small display maps[C]. 14th International Conference on Multimodal Interaction, 2012.

[95] Krassanakis V. Recording the trace of visual search: a research method of the selectivity of hole as basic shape characteristic[D]. Athens:National Technical University of Athens School, 2009.

[96] 曹晓华, 周峰. 商标识别绩效的眼动研究[J]. 人类工效学, 2007, 13（1）: 4-6.

[97] 张晓刚. 足球守门员在防守点球运动情境中眼动特征的研究[J]. 中国体育科技, 2010, 46（1）: 88-92.

[98] 李海琼, 秦雅琴. 眼动仪在道路交通领域中的应用[J]. 人类工效学, 2012, 18（2）: 75-79.

[99] 王婷婷, 邢文龙, 梁潇. 道路交通标志可适性研究[J]. 中国市场, 2011（2）: 122-124.

[100] 王海燕, 卞婷, 薛澄岐. 基于眼动跟踪的战斗机显示界面布局的实验评估[J]. 电子机械工程, 2011, 27（6）: 50-53.

[101] 柳忠起, 袁修干, 樊瑜波, 等. 模拟飞机着陆飞行中专家和新手眼动行为的对比[J]. 航天医学与医学工程, 2009, 22（5）: 358-361.

[102] Weber, Steen T, Bove C. et al. Pilot's response and eye fixations during take off[R]. Riso National Laboratory, 2000.

[103] 王恒, 熊建萍. 不同运动水平男大学生观察排球扣球视频的眼动特征[J]. 体育学刊, 2010, 17（7）: 77-81.

[104] Muerhcke P C. Thematic Cartography, Association of American Geographer[J]. Resource Paper, 1972, 8（2）: 45.

[105] Steinke T R. Eye movement studies in cartography and related fields[J]. Cartographica, 1987, 24（2）: 40-73.

[106] Brodersen, Andersen L, H H K, et al. Applying eye-movement tracking for the study of map perception and map design[C]. 2005.IEEE Symposium on Visual Langu ages and Human-Centric Computmy, 2005.

[107] Dix A, Finlay J, Abowd G, et al. Human-computer interaction[M]. 3. England: Pearson Education Limited, 2004.

[108] Duchowski A T. Eye tracking methodology: Theory and practice [M]. 2. London: Springer, 2007.

[109] Coltekin A, Heil B, Garlandini S, et al. Evaluating the effectiveness of interactive map interface designs: a case study integrating usability metrics with eye-

movement analysis[J]. Cartography and Geographic Information Science, 2009 (36): 5-17.

[110] Kiefer P, Giannopoulos I. Gaze map matching: mapping eye tracking data to geographic vector features[C]. 20th International Conference on Advances in Geographic Information Systems, 2012.

[111] Kiefer P, Giannopoulos I, Raubal M. Where am I? Investigating map matching during self-localization with mobile eye tracking in an urban environment[J]. Transactions in GIS, 2014,18 (5): 660-686.

[112] Krassanakis V. Exploring the map reading process with eye movement analysis[C]. 1st International Workshop on Eye Tracking for Spatial Research (In conjunction with COSIT 2013), 2013.

[113] Krassanakis V, Filippakopoulou V, Nakos B.The influence of attributes of shape in map reading process[C]. 25th International Cartographic Conference, 2011.

[114] Phillips R J, Noyes L. A comparison of colour and visual texture as codes for use as area symbols on thematic maps[J]. Erconomics, 1980, 23 (12): 1117-1128.

[115] Fabrikant S I, Goldsberry K. Thematic Relevance and Perceptual Salience of Dynamic Geovisualization Displays[R]. 22nd ICC International Cartographic Conference, 2005.

[116] Garlandini S, Fabrikant S I. Evaluating the Effectiveness and Efficiency of Visual Variables for Geographic Information Visualization[EB/OL]. http://www.Geog.ucsb.edu/~sara/html/research/pubs/garlandini_fabs 09.pdf, 2010.

[117] Swienty O. Attention-Guiding Geovisualisation: a cognitive approach of designing relevant geographic information[D]. Munich: Technical University of Munich, 2008.

[118] Fabrikant S I, Hespanha S R, Hegarty M. Cognitively Inspired and Perceptually Salient Graphic Displays for Efficient Spatial Inference Making[J]. Annals of the Association of American Geographers, 2010, 100 (1): 13-29.

[119] Koua E L, Maceachren A M, Kraak M J. Evaluating the usability of visualisation methods in an exploratory geovisualization environment[J]. International Journal of Geographical Information Science, 2006 (20): 42-48.

[120] Kraak M J, Ormeling F. Cartography: Visualization of geospatial data[M]. Longman: Addison-Wesley, 1996.

[121] Opach T. Semantic and pragmatic aspect of transmitting information by animated maps[C]. Proceedings of the 22nd ICA International Cartographic Conference, 2005.

[122] Opach T. Cartography in Central and Eastern Europe[M]. Berlin, GERMANY: Springer, 2010: 199-210.

[123] Nossum A S. Semistatic Animations: Integrating Past, Present and Future in Map Animations[C]. GIScience 2010, 2010.

[124] Nossum A S, Hengshan L, Giudice N A. Vertical Colour Maps: a Data-Independent Alternative to Floor-Plan Maps[J]. Cartographica, 2013, 48 (3): 225-236.

[125] Nossum A S. Exploring Eye Movement Patterns on Cartographic Animations Using Projections of a Space-Time-Cube[J]. The Cartographic Journal, 2014, 51 (3): 249-256.

[126] 齐晓飞, 崔秀飞, 李怀树. 室内地图设计现状分析[J]. 测绘与空间地理信息, 2013, 36 (2): 10-14.

[127] Nossum A S. Indoortubes: a novel design for indoor maps[J]. Cartography and Geographic Information Science, 2011, 38 (2): 193-202.

[128] Irvankoski K M. Visualisation of Elevation Information on Maps: an Eye Movement Study[D]. M.Sc.Thesis of Cognitive Science in Institute of Behavioural Sciences University of Helsinki, 2012.

[129] Li X, Kraak M J. The Time Wave: A New Method of Visual Exploration of Geo-data in Time-space[J]. The Cartographic Journal, 2008, 45 (3): 1-9.

[130] Ooms K, Philippe De Maeyer. Analysing Eye Movement Patterns to Improve Map Design[C]. A special joint symposium of ISPRS Technical Commission IV & AutoCarto inconjunction with ASPRS/CaGIS 2010 Fall Specialty Conference, 2010.

[131] Ooms K, Maeyer P D, Fack V, et al. Frank Witlox. Investigating the Effectiveness of an Efficient Label Placement Method Using Eye Movement Data[J]. The Carthographic Journal，2012，49（3）：234-246.

[132] Ooms K, Andrienko G, Andrienko N,et al. Visual analytics on eye movement data reveal search patterns on dynamic and interactive maps[C]. GeoCart Conference , 2010.

[133] Ooms K, Andrienko G, Andrienko N, et al. Analysing the spatial dimension of eye movement data using a visual analytic approach[J]. Expert Systems with Applications，2011，39（1）：1324-1332.

[134] Ooms K, Maeyer P D, Fack V, et al. Interpreting maps through the eyes of expert and novice users[J]. International Journal of Geographical Information Science，2012，26（10）：1773-1788.

[135] Fabrikant S I, Rebich-Hespanha, S, Andrienko N, et al. Novel method to measure inference affordance in static small-multiple map displays representing dynamic processes[J]. Cartographic Journal，2008（45）：201-215.

[136] Krassanakis V, Filippakopoulou V, Nakos B. An Application of Eye Tracking Methodology in Cartographic Research[J]. Eye Track Behavior, 2011.

[137] Krassanakis V, Lelli A, Lokka I E, et al. Investigating dynamic variables with eye movement analysis[C]. 26th International Cartographic Conference，2013.

[138] Krassanakis V, Lelli A, Lokka I E, et al. Searching for salient locations in topographic maps[C]. the First International Workshop on Solutions for Automatic Gaze-Data Analysis，2013.

[139] 王家耀，陈毓芬. 理论地图学[M]. 北京：解放军出版社，2000.

[140] Montello D R. Cognitive research in GIScience: Recent achievements and future prospects[J]. Geography Compass, 2009, 3 (5): 1824-1840.

[141] Slocum T A, Blok C, Bin J, et al. Cognitive and Usability Issues In Geovisualization[J]. Cartography and Geographic Information Science, 2001 (28): 61-75.

[142] Montello D R, Lovelace K L, Golledge R G, et al. Self.Sex-Related Differences and Similarities in Geographic and Environmental Spatial Abilities[J]. Annals of the Association of American Geographers, 1999, 89 (3): 515-534.

[143] Hegarty M, Montello D R, Richardson A E, et al. Spatial abilities at different scales: Individual differences in aptitude-test performance and spatial-layout learning[J]. Intelligence, 2006, 34 (2): 151-176.

[144] Fabrikant S I, Christophe S, Papastefanou G, et al. Emotional response to map design aesthetics[C]. Giscience Conference, 2012.

[145] Vanclooster A, Ooms K, Viaene P, et al. Evaluating Suitability of the Least Risk Path Algorithm to Support Cognitive Wayfinding in Indoor Spaces: an Empirical Study[J]. Applied Geography, 2014 (53): 128-140.

[146] Giannopoulos I, Kiefer P, Raubal M. The influence of gaze history visualization on map interaction sequences and cognitive maps[C]. 21st SIGSPATIAL International Conference on Advances in Geographic Information Systems, 2013.

[147] Raubal M, Miller H J, Frank A U, et al. Geographic Information Science[C]. 4th International Conference, 2006.

[148] Janowicz K, Raubal M, Levashkin S. GeoSpatial Semantics[C].Third International Conference, 2009.

[149] Kiefer P, Straub F, Raubal M. Location-Aware Mobile Eye Tracking for the Explanation of Wayfinding Behavior[C]. AGILE'2012 International Conference on Geographic Information Science, 2012.

[150] Giannopoulos I, Kiefer P, Raubal M. Mobile Outdoor Gaze-Based GeoHCI[C]. Geographic Human-Computer Interaction, Workshop at CHI 2013，2013.

[151] Kiefer P, Giannopoulos I, Raubal M. Using Eye Movements to Recognize Activities on Cartographic Maps[C]. SIGSPATIAL'13，2013.

[152] Kiefer P, Giannopoulos I, Raubal M, et al. Eye Tracking for Spatial Research[C]. 1st International Workshop on Eye Tracking for Spatial Research，2013.

[153] Kiefer P, Giannopoulos I, Kremer D, et al. Starting to get bored: An outdoor eye tracking study of tourists exploring a city panorama[C]. Symposium on Eye Tracking Research and Applications，2014.

[154] 吴增红. 个性化地图服务理论与方法研究[D]. 信息工程大学博士学位论文，2011.

[155] 谢超. 自适应地图可视化关键技术研究[D]. 信息工程大学博士学位论文，2009.

[156] 徐琳. 基于模板技术的应急专题地图设计与制作[D]. 信息工程大学硕士学位论文，2012.

[157] 邓毅博. 个性化旅游地图自主设计研究[D]. 信息工程大学硕士学位论文，2013.

[158] 李伟. 面向空间知识地图服务的用户研究[D]. 信息工程大学博士学位论文，2014.

[159] 余力. 电子商务个性化——理论、方法与应用[M]. 北京：清华大学出版社，2007.

[160] Ramirez J R. Maps for the Future: A Discussion [C]. 19th International Cartographic Conference, 1999.

[161] Zarikas V, Papatzanis G, et al. An architecture for a self-adapting information system for tourists[C]. 2001 Workshop on Multiple User Interfaces over the internet, 2001.

[162] Sarjakoski T. The GiMoDig Public Final Report[EB/OL]. http://gimodig.fgi.fi/ deliverables.php，2007-2.

[163] 吴增红，陈毓芬，王英杰. 基于 E-prime 的电子地图符号适应性视觉阈值研究[J]. 中国图象图形学报，2010，15（4）：582-588.

[164] Mac Aoidh E, et al. Personalization in adaptive and interactive GIS[J]. Annals of GIS，2009，15（1）：23-33.

[165] Lehto, Sarjakoski L T. XML in service architectures for mobile cartographic applications[M]//Meng L, Zipf A, Reichenbacher T. Map-based mobile services, theories, methods and implementation. Berlin：Springer，2005：173-192.

[166] 谢超，陈毓芬，王英杰，等. 基于参数化模板技术的电子地图设计研究[J]. 武汉大学学报（信息科学版），2009，34（8）：956-960.

[167] 江南，夏丽华，薛本新. GIS 中空间信息多种地图显示模式的研究[J]. 测绘科学技术学报，2006（3）：157-159.

[168] 冯涛，张亚军，江南，等. 基于模板的专题制图数学模型构建和应用[J]. 测绘工程，2010，19（6）：35-38.

[169] 姚宇婕. 引导型专题地图制作关键技术研究[D]. 信息工程大学硕士学位论文，2011.

[170] 高俊. 换一个视角看地图[J]. 测绘通报，2009（1）：1-5.

[171] 刘骏. 区域"数字鸿沟"形成机理研究[D]. 西安理工大学硕士学位论文，2009.

[172] 王家耀，孙群，王光霞，等. 地图学原理与方法[M]. 北京：科学出版社，2008.

[173] Robinson H, Morrison J, Muehrcke P, et al. Elements of Cartography[M]. 6. New York: JohnWiley & Sons, 1995.

[174] 曹亚妮，江南，张亚军，等. 电子地图符号构成变量及其生成模式[J]. 测绘学报，2012，41（5）：784-790.

[175] MacEachren. How Maps Work：Representation,Visualizaiton and Design[R]. New York，1995.

[176] 王光霞，游雄，於建峰，等. 地图设计与编绘[M]. 北京：测绘出版社，2011.

[177] 高俊. 地图的空间认知与认知地图学[A]// 中国地图学年鉴[C]. 北京：中国地图出版社，1991.

[178] 吴晓莉，周丰，陈艳利，等. 设计认知：设计心理与用户研究[M]. 南京：东南大学出版社，2013.

[179] 田蕴，毛斌，王馥琴. 设计心理学[M]. 北京：电子工业出版社，2013.

[180] 加洛蒂. 认知心理学[M]. 吴国宏等，译. 西安：陕西师范大学出版社，2005.

[181] 邵志芳. 认知心理学：理论、实验和应用[M]. 上海：上海教育出版社，2006.

[182] 约翰逊. 认知与设计：理解 UI 设计准则[M]. 张一宁，王军锋，译. 北京：人民邮电出版社，2014.

[183] 李宏汀，王笃明，葛列众. 产品可用性研究方法[M]. 上海：复旦大学出版社，2013.

[184] 张红坡，张海峰，等. SPSS 统计分析实用宝典[M]. 北京：清华大学出版社，2012.

[185] 吴明隆. 问卷统计分析实务——SPSS 操作与应用[M]. 重庆：重庆大学出版社，2010.

[186] 魏惟. 用户选择模式对网络广告效果影响的眼动研究[D]. 上海交通大学硕士学位论文，2013.

[187] 舒华. 心理与教育研究中的多因素实验设计[M]. 北京：北京师范大学出版社，1994.

[188] 袁占乐. 地图信息传输过程及传输效率因子分析[C]. 武汉：全国测绘科技信息网中南分网第二十一次学术信息交流会论文集. 2007：131-145.

[189] 魏丽冬. 中学生地图学习心理研究[D]. 上海：上海师范大学硕士学位论文，2008.

[190] 马林兵，李鹏. 基于子空间聚类算法的时空轨迹聚类[J]. 地理与地理信息科学，2014（4）：7-11.

[191] 陈娱，许珺，徐敏政. 基于集聚度增量的空间聚类算法[J]. 地理与地理信息科学，2013（4）：104-108.

[192] 王荣，李晋宏，宋威. 基于关键字的用户聚类算法[J]. 计算机工程与设计，2012（9）：3553-3557，3568.

[193] 陈克寒，韩盼盼，吴健. 基于用户聚类的异构社交网络推荐算法[J]. 计算机学报，2013，36（2）：349-351.

[194] 尼尔森，布迪欧. 贴心设计：打造高可用性的移动产品[M]. 牛比成，译.北京：人民邮电出版社，2013.

[195] 陈毓芬，江南. 地图设计原理[M]. 北京：解放军出版社，2001.

[196] 奥博斯科编辑部. 配色设计原理[M]. 暴凤明，译. 北京：中国青年出版社，2009.

[197] 金容淑. 设计中的色彩心理学[M]. 武传海，曹婷，译. 北京：人民邮电出版社，2013.

[198] 赵曙光. 幻影注意力：基于眼动实验的植入式广告效果研究[M]. 上海：复旦大学出版社，2014.

[199] 赵慧臣. 知识可视化视觉表征的理论建构与教学应用[M]. 北京：中国社会科学出版社，2011.

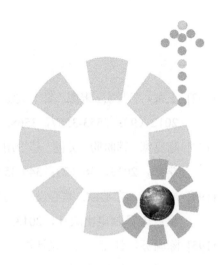

后记

　　自古以来,地图就是人类进行空间认知的载体、工具和表达方式。在我接触地图的22年专业"学龄"中,感谢母校各位师长的耐心教导和深耕细作,为我注入了专业知识和理念信仰,引领我由懵懂学童成长为专注于地理空间认知领域的学者。本书是以博士学位论文为基础撰写的,因此,首先要感谢我的博士导师陈毓芬教授在这十几年来对我亦师、亦母、亦友的帮扶,她将全部学术生涯贡献于理论地图学,谨以本书祝福她的退休生活轻松愉快。

　　地图认知发源于认知心理学。高俊院士将认知科学和人工智能引入地图学,现在亦是我的博士后导师。感谢高院士开创了地图认知这个宝贵的研究领域。他80多岁高龄,仍然只争朝夕、孜孜不倦,将地图"放飞"到广阔的空间认知中,为地图认知诠释了新的时代内涵。科研大道、返璞归真、高山仰止、如沐春风。感谢导师高院士在我迷茫和懈怠时给予的最好的教育,为我的博士后阶段开阔了视野、规划了有价值的研究方向,还为本书撰写了推荐意见。

　　将眼动追踪技术引入地图学,揭秘地图认知机理,实时监控认知过程,弥补认知效果评估手段,能够大大提高制图技术的普适化、自动化、智能化水平,以期由个性化逐步达到自适应交互。感谢王家耀院士将眼动追踪技术归属到人工智能领域,让我茅塞顿开。王院士在知识制图、智能制图、时空大数据中给出的清晰定位,使我坚定了科研的方向和信心。他在行业应用方面的谆谆教诲,使地图眼动研究的发展更加踏实、稳健。

后记

地图认知过程不仅会受到地图设计自下而上的影响，还会受到用户、时间、环境等情境因素的综合作用，因此会形成个性化认知差异。这一点是受到孟立秋教授"情感制图（Affective Mapping）"，以及其他学者情境研究的启发得出的。为此，书中设计了调查问卷，借以对多种因素进行初步分析，并与眼动实验联合互证。感谢远在德国的孟立秋教授拨冗填写问卷、给出修改意见，多次利用候机时间对书稿的题目和研究方法提出建议，并在人工智能、人机混合交互、智能驾驶等方面对我的鼓励和学术指导。感谢学院孙群、王光霞、江南、游雄、夏青、万刚教授等对本书的专业指导和帮助，并亲自参加了本书的问卷调查和眼动实验。谢谢线上、线下参与地图问卷调查与眼动实验测试的所有地图学专家与对照组非专业人员。

眼动追踪技术早已在心理学领域应用成熟，具有客观、实时、高效、非介入性的特点。对于实验获取的各种眼动参数数据，采用多元统计分析方法进行定量分析，还能挖掘出一些新的知识。感谢中国心理学会眼动研究专业委员会副主任、天津师范大学心理学部副部长杨海波教授对眼动实验设计与分析部分进行了细致的审阅。感谢归庆明、李水旺两位教授对统计分析方法和模型量化计算部分的耐心指导。他们的付出在以上交叉领域为本书赋予了严谨性和规范性。

研究地图认知的目的是揭示认知机理和认知差异，从而更好地指导地图设计，或者帮助人类在实景、模拟、虚拟等多维地理环境中更好地完成空间认知，提升地理信息传输效率和地理信息服务的智能化水平。认知，也是现在炙手可热的人工智能技术的瓶颈之一。感谢博士后联合培养导师王明孝高工为本书指明了应用需求、拓展了研究空间、注入了持续动力。

感谢廖克院士、郭仁忠院士、林珲院士、周成虎院士等如指路明灯般的耐心答疑、权威解惑；感谢 GoodChild、William Cartwright、Milan Konečný、江斌、黄浩生、叶信岳教授等国际友人启迪学术思想、交叉碰撞灵感；感谢李志林、杜清运、王英杰、齐清文、龚建华、艾廷华、龙毅、朱长青、闫浩文、刘瑜、李宏伟、董卫华、沈婕、应申、唐曦、张红老师等国内同行，在学术会议的畅谈、对认知专题的关注、对科研困境的鼓励、对执笔岁月的陪伴，促吾砥砺前行，却并不孤单。

家人的支持、关爱和包容，永远是我不竭的动力。感谢父母、爱人、女儿及所有见证本书成长的亲朋好友，谢谢你们的关心、鼓励和支持。祝愿父亲早日康复。

本书的出版得到了国家自然科学基金（41501507、41701457）和国家博士后第 66 批面上基金（2019M663993）的资助。感谢北京七鑫易维科技有限公司和西安爱特眼动信息科技有限公司的技术支持。向书稿引用的素材、文字的来源作者、文献、网站致谢。向本书的出版机构电子工业出版社的编辑和出版人员，特别向徐蔷薇编辑致谢。

在信息技术和人工智能的推动下，人类对环境的感知需求日益强烈，新型地图如雨后春笋般涌现。地图认知大踏步走向多维空间认知，眼动追踪技术也由收集、分析、挖掘数据走向眼动数据分析与实时眼控交互并重。地图认知是学科交叉融合的典型问题。本书涉及地图学、地理学、认知心理学、图形学、符号学、实验心理学、生物信息学、眼动追踪技术、可视化技术、计算机技术、红外技术、数学统计分析等多方面的专业知识，在我的执着请求下，许多人付出了宝贵的时间、经验和知识。但作者水平有限，即使已竭尽所能，书中仍有不足或不完美之处，恳请广大读者批评指正。

最后，在地理学的帮助下，祝愿全球疫情早日过去，世界经济衰退早日遏止。安全、平和、专注的科研工作是幸福的。衷心感谢您的阅读！

郑束蕾
2020 年 4 月 9 日于郑州